大猩猩讨厌手机

——守护美丽地球的20个行动

[韩] 朴景和 / 著
苏　茉 / 译

吉林出版集团 | 吉林摄影出版社
·长春·

图书在版编目（CIP）数据

大猩猩讨厌手机——守护美丽地球的20个行动 /（韩）朴景和著；苏茉译.
—长春：吉林摄影出版社，2012.11
ISBN 978-7-5498-1375-9
Ⅰ.①大… Ⅱ.①朴… ②苏… Ⅲ.①环境保护－普及读物 Ⅳ.① X-49

中国版本图书馆 CIP 数据核字（2012）第 220022 号

著作权合同登记号：图字 07-2012-3885 号

大猩猩讨厌手机——守护美丽地球的20个行动
Da Xingxing Taoyan Shouji —— Shouhu Meili Diqiu de 20 Ge Xingdong

著　　者　[韩] 朴景和
译　　者　苏　茉
出 版 人　孙洪军
策　　划　北京今日今中图书销售中心
责任编辑　施　岚　周宇恒
封面设计　北京今日今中图书销售中心
开　　本　880mm×1230mm　1/32
字　　数　100 千字
印　　张　6
印　　数　1 ～ 5000 册
版　　次　2012 年 11 月第 1 版
印　　次　2012 年 11 月第 1 次印刷

出　　版　吉林出版集团
　　　　　吉林摄影出版社
地　　址　长春市泰来街 1825 号
　　　　　邮编：130062
电　　话　总编办：0431-86012616
　　　　　发行科：0431-86012602
印　　刷　北京市海淀区四季青印刷厂

ISBN 978-7-5498-1375-9　　定价：26.00 元

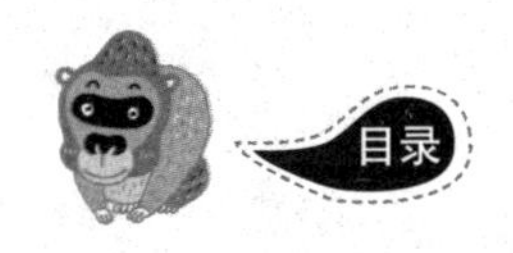

目录

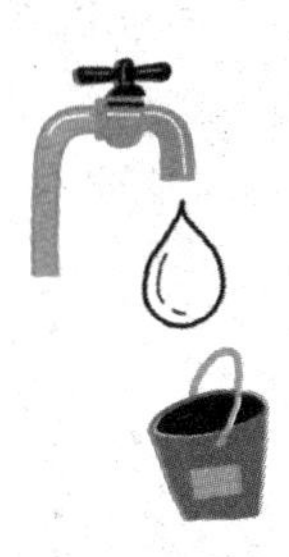

第3章 关于自然的思考

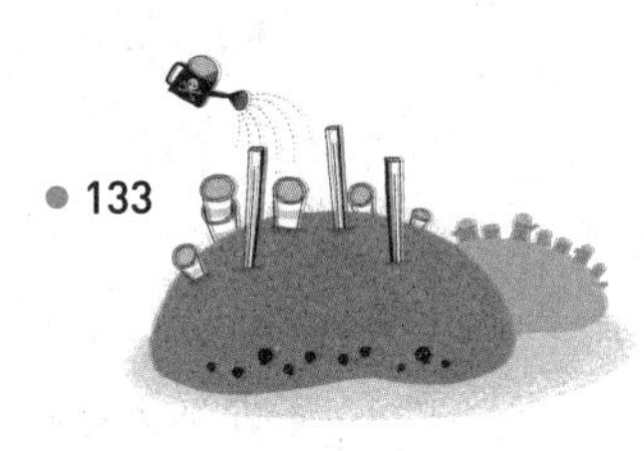

第4章 对生活的思考

● 推荐序 ●

享受“看似不便”的生活

人们都认为科技的发展使我们的生活变得越来越方便，其实未必。使用冰箱，反而使我们浪费的食物变得更多；驾驶汽车，我们花费在路上的时间却更漫长；有了手机，我们与人见面的过程变得更为复杂；使用电脑，反而使纸张的消耗量大大增加……文明给人们带来了便利的同时，却也夺去了人们心灵上的自由和宁静。

根据质能守恒定律，给一个地区人们的生活带来便利的原材料一定来自另一个地区。世上没有免费的午餐，某些人的便利一定是建立在其他人不便的基础之上。当我们享受着现代科技文明给我们带来的便利时，这个世界某个角落的生灵正在遭受着伤害，其结果就是现在地球各处由于环境的破坏而导致各种灾难的频发。人类想生活得更加舒适的野心和贪婪的物欲，不仅引发了各种环境灾难，而且威胁着生态环境和人类自身。

《大猩猩讨厌手机——守护美丽地球的20个行动》的作者朴景和认为，不应该让地球背负如此沉重的包袱，所以她自愿选择了“看似不便”的生活。没有洗衣机，衣服都是手洗；少用卫生纸，更多时候用手绢和抹布；不用塑料袋和一次性筷子……虽然不便，但她却很享受这种生活。

本书作者所选择的那种看似不便却又乐在其中的生活方式间接地提醒着我们，人类为了更方便的生活而养成的不良生活习惯给地球带来了怎样的环境问题，更提醒着我们，这样的生活习惯让人类和其他生物正为此经历着怎样的痛苦。

有这样一句话：“没有哲学的行动是盲目的，没有实践的哲学是空洞的。”作者站在保护地球的立场上，努力践行着自己“看似不便”的生活方式，这值得我们尊敬。环境运动家们长期以来的“以地球为中心思考，在各地行动”口号，是作者朴景和生活中的真实写照。

这本书详细地说明了地球上的生命是多么珍贵，它们因为环境问题遭受着怎样的痛苦，还有我们的后代将生活在什么样的世界上等问题。同时，对如何才能保护我们赖以生存的地球，作者也给出了许多方法和建议。而且这些方法和建议都是我们力所能及的。

对于那些想知道怎样的生活方式对环境有利、怎样才能成为无愧于后代和祖先的人们来说，这本书会成为很好的生活指南。

金正旭（首尔大学 环境学院 名誉教授）

● 修订版序言 ●

让地球更健康的“蝴蝶效应”

不知不觉间，《大猩猩讨厌手机——守护美丽地球的20个行动》已经出版6年多了。开始执笔的时候，我去大型书店发现环保类书籍都摆放在角落的书架上，店员说买环境类书籍的人比较少，所以才会这样摆放。

几年前，只有对环境问题感兴趣的人才会买环保类书籍来看，韩国也仅有一些翻译的环保书籍偶尔出版，韩国人自己写的环保类书籍非常有限。所以我一直很担心自己的书会无人问津。但是，书一出版，市场反应却出乎我的预料。

韩国中高等院校、公共图书馆和青少年组织邀请我去演讲，也有人通过电子邮件将读后感发给我，还有人在博客上给我留言。大部分读者对我书中提到的“我们经常使用的东西与环境问题密切相关”这一事实颇感意外，因为这是他们以前从没有意识到的。

在很多学校里，学生们读了这本书以后进行了热烈讨论。书中有关手机和钶钽铁矿的内容还被收入了韩国中学语文和道德教科书里，电视节目中也提到了这本书中所写的环境问题。不仅如此，韩国环境部和釜山市教育厅，富川市、金海市等机构和政府都将这本书评定为优秀环保书籍。

通常情况下，环境问题解决了之后，环保类书籍的使命就完成了。这类书在出版时往往成为一时热点，当大家都知道书中所说的环境问题，一齐汇聚智慧，全力解决了问题之后，这类书籍的“生命”也就终结了。但这本书却不同，因为6年之后的今天，本书提到的环境问题才刚刚被世人所知，因而，这本书还有旺盛的“生命力”。基于此，我又推出了本书的修订版。在修订本中，我补充了这段时间新发生的环境问题，重画了插图并且修改了设计，并重新梳理了内容和主题。

我在正文中添加了一些最近发生的事例和最新的统计数据，在每节后的“小贴士”中也加入了新的内容。专家吴润婷老师在每一章节后所加入的“思考题”部分，使得这本书可以成为学校的辅助教材，便于学生一起讨论，从而激发想象力。

有些人在不知道环境问题时心情比较平静，但在了解之后又因过于担心而变得惴惴不安、不知所措。还有些人认为如沙尘暴等环境问题是大事，不是通过你我的个人努力就能解决的，因而放弃努力。

然而世界上所有的大事情都是从一点一滴、一人一事开始的，所谓“不积跬步，无以至千里”。一个个消费者的变化，可以使企业的产品随之改变；民众的想法变了，政府的政策会随之改变；韩国变了，其他国家也会受到好的影响。这种变化会比我们想象得要快得多，但如果没有第一个人的改变，世界就永远不会改变。

此前，大猩猩只不过是生活在非洲丛林中的众多野生动物中的一种，但是，自从大猩猩和手机的故事被世人熟知后，我们开始重新审视我们的生活习惯，开始探索生命的意义，开始认识并思考在崇山峻岭以及第三世界国家中发生的事情和我们生活的密切的联系。

这就像蝴蝶抖动翅膀可以引起台风的科学理论——“蝴蝶效应”那样，开始时一件小小的事情，最后可能会产生很大的影响。希望今天我个人的实践，也能像“蝴蝶效应”所产生的影响一样，使我们赖以生存的地球变得更加健康，更加美丽。

朴景和

● 前言 ●

2106年，来自未来的信

祖先，您好！

我是一个对地球的历史和生态非常感兴趣的学生，学校要求我们以“100 年前人们是怎样生活的？”为主题发表演讲。我想详细了解一下 2006 年朝鲜半岛发生了什么事情，所以写了这封信。

我现在像 100 年前的你们一样，在一张纸上给您写信。这张纸可是我最珍贵的东西了。从前，你们都用纸来写字、画画，可是，那得需要多少纸张啊？

为了弄到这张纸，我可是费了好多心思。克隆专家们好不容易从地下提取到了树木化石样本，然后成功地克隆了树木。通过对克隆树进行加工，他们终于造出了纸。这次研究成功后，专家们还主张将纸作为天然纪念物保存起来呢。地球上曾经树木茂盛，可是如此珍贵的东西，现在怎么全都没有了呢？

客厅的电视里传来了记者激动的声音：

“今天突降的暴雨使汉江成为一片泥潭，水价又开始暴涨。加水站门前，人们争抢着赶在水价涨高之前多买一些，场面混乱不堪。那些污染少一些的由北极冰山融化做成的冰山水的价格也随之上涨，市民们的生活雪上加霜。”

咦，新的冰山水到了？听说 100 年前人们都喝河水和地下水，真不可思议。现在，如果不经过多次过滤并加入药物消毒，水连一滴都不能喝呢。所以加水站的生意才会这么好。听说从前有加油站，我们学过加油站里卖的那种叫做“石油”的黑色液体是战争的导火索，是一种非常可怕的物质，不过现在都枯竭了，只有在博物馆里才能见到。

昼夜都生活在强光下的父母们视力开始减弱，久而久之成了一种遗传病，现在新生儿出生两个月还不能睁眼的事情经常发生。噪音问题也非常严重，如果不用像飞机起飞时那么大的声音和孩子们说话，他们就听不到。因此，在婴儿的大脑里植入能够识别光和声音的电子芯片成了时髦。现在还能说爱迪生是为人类做出贡献的发明家吗?

看看国际新闻吧!

最近，最没有人气的职业就是地图绘制工作。持续的气候异常使地形变化非常频繁,地图制作者们根本忙不过来。21 世纪初，地形研究员和地图生产业也因为地震、台风、海啸等原因非常忙碌过吧? 当时是因为自然灾害，而现在却是由于地球温室效应。冰山融化，平原完全被淹没，现在只剩下高山地区。如果持续下去，陆地最终都会被淹没，那时我们该去哪里生活呢?

去年我们全家去东海岸旅行时，我在海边看到了这样的标牌:

“此处为祖先掩埋核电站的废弃物之所，含有可能对人体造成致命伤害的放射性物质。核废弃物是危险物质，需经百年以上的永久性隔离，因此千万不要进入铁丝网内的区域。为确保安全，路经此处请绕行。”

祖先们真是太过分了，将这么危险的东西作为遗产留给我们……

我还算幸运的，虽然危险，但还可以到东海岸旅行。一般情况下，政府发的旅行许可证很难弄到。道路拥堵、空气污染、垃圾成堆和资源枯竭等问题越来越严重，政府被迫颁布了旅游限令。

各国领导人在国际首脑会议上也已经达成共识，规定国际旅行也将被限制。这一规定把那些原想迁离北极的爱斯基摩人的迁离计划也给打乱了，他们原本想移居到和北极气候条件类似的苔原地带或者四季分明的温带，可是一直遭到拒绝，最后不得不去了非洲的乞力马扎罗。但是一直生活在寒带的他们突然搬到赤道附近生活，新型的病毒开始蔓延，许多人现在正遭受着新型皮肤病的折磨。

正写着信，我突然感觉有点热了。虽然现在还是夏天，但是再过几天就到冬天了，听说100年前还有春天和秋天，是吗？那时候的天气是什么样的呢？关于一马平川的平原和铺满落叶的石板路的景象，我只在书里看到过，要是能看到真实的画面该多好啊！哎，我住的小区管理室又在广播了：

“管理室通知，各位居民请关好门窗后迅速到地下避难所，清扫机器即将启动。”

这是为了清除污染的室内空气和日渐严重的环境激素而即将利用大型机器清扫的预报广播。届时，设置在各家各户顶棚上的机器会将空气中的灰尘连同受到污染的空气一起吸收。清扫期间，所有居民都要暂停手上的工作，到地下避难所躲避。不久前还只需要一个月清扫一次，而现在则要一周清扫一次了。据说空气污染越来越严重，以后就需要一天清扫一次了。

这样的现实真让人烦闷，好想乘时空飞船飞回到100年前去生活一天。那时的人们是多么幸福啊！如果祖先们稍微考虑一下未来的话，我就可以在树林里呼吸着新鲜的空气散步了。唉！好伤心啊。

100年前，地球是多么适合人类居住啊！我很好奇，那么美丽的地球怎么会污染得如此严重呢？您一定会回信吧？期待您的回信。我现在要去地下避难所了。

祖先，再见！

可爱的后代拜上
2106 年 夏天

未来的后代又寄来了一封信。最近经常收到这样的信，这让我产生了很多想法。过去几年里，我在环境部门工作，看到不少环境问题严重的地方：整个顶峰被斩断的山、淹没在水中的美丽峡谷、不时传来巨大的炸药爆炸声的采石场、散落着被撞断的松树的道路，还有堆满了垃圾的村庄……从这些地方回来的我，手中一直拿着这封来自未来的信。这一切是谁造成的？为什么会发生这样的事？当美丽的大自然时时刻刻都在遭受破坏的时候，我在干什么？

未来的信不仅让我回想过去、担心未来，更使我开始思考现在。这封信不是生活在遥远地方的其他人的故事，而是一个关于我们的国家、我们的城市、我们的家庭和我们的房间的故事。

回顾过去我们就会发现，环境问题源于人类的生活消费习惯。我们只图自己生活的方便和安逸，却不知道珍惜资源。正是我们的这种贪婪和无知使山村里老人们原本平静的生活变得喧嚣，使贫穷国家原本可以上学的孩子只能去工厂做工；也正是我们的贪婪和无知使原本无忧无虑的鸟兽虫鱼慌不择路，逃离家园。

人类费尽千辛万苦从地下开采出的石油做成的塑料，却比人的寿命还长。它们污染土壤，污染河流，使自然环境不堪重负。

手机、洗衣机、冰箱、木筷子、衬衫和卫生纸等这些日常生活用品是从哪儿来的？又是怎么生产的？是不是以给其他人带来伤害、给其他地方带来破坏为代价得来的？我们使用后随意扔掉的小东西是否也会使地球受伤呢？

地球的生态不知不觉发生着变化，未来的信中所提到的内容并非科幻电影里的故事。如果不想从可爱的后代那里收到抱怨的信，我们就要立即改变我们的生活方式。只要我们怀揣一份对后代的责任，在消费之前先思考一下，就可以将我们现在享受着的美丽地球传给我们的后代。

打开未来幸福生活大门的钥匙在我们自己手中。只有大家从我开始，从小事开始，从现在开始，人类的未来才会变得无比幸福！

担心成为没出息的祖先的朴景和

2006 年 早晨

第1章

对生命的思考

非洲大猩猩不喜欢手机

因为手机发生的事

我拿出手机正要打电话，坐在一旁的朋友眼睛突然瞪得像大铃铛一般。

“现在还有用这种手机的人？我还以为只有在博物馆里才能见到这样的手机呢！”

我的手机是黑白屏而不是彩屏的，铃声也不是和弦的，所以朋友才会觉得很奇怪。但是用它接打电话都没有什么问题，短信收发也很正常，应该不足为怪吧？

当身边的人跟随潮流纷纷更换手机的时候，家里和办公室频频响起的电话已经让我应接不暇了，所以没有手机并没有让我觉得有什么不方便，只是在我出差时会造成些许不便。我每周都会出差，而想联系我的人都纷纷抗议联系不到我。

取笑我没有手机的朋友买了新手机，便把用过的手机给了我。刚好我那段时间搬家，还没有装电话，所以就心存感激地收下了。但手机刚刚开通就不分时间、不分地点地响个不停。我想，在没有手机的年代，我们是怎么坚持过来的呢?

自从有了手机，约见一个人的过程就开始变得繁杂起来。在见到对方之前，相互间不知要通多少次电话。很多人都不会事先定好具体的见面时间，只说“到时再打电话吧！”就把电话挂了，然后再重新打电话确定时间和地点，还要在约定的当天早上再次确认当天的约定是否有效。快到约定的时间时又打电话询问对方是不是正在来约定地点的路上。如果期间没有通电话确认，就有可能想当然地认为约定取消了；如果一时找不到路或者稍微晚了一点，又或是找不到约定场所的时候，双方十有八九会不断地打电话。

从前在水碾间偷偷相见的男女是怎么约定和遵守约会时间的呢？他们没有手表，更没有手机，但是因为水碾间的水存在落差，偷偷相见的男女们便可利用这种水的落差来计算约会的时间。因此,约会的男女会在离村庄有一定距离的地方约定好：“十五晚上，月亮升到后山上的时候见。”约好了时间，心急的人从傍晚就开始等，一直等到月亮升到后山上。诸如此类用自然来表达时间的方式还有很多：

“太阳都升起来了，怎么还躺在炕头上？”

“日落之前回来。”

“影子最小的时候在柳树三岔路口见。”

从前，人们的时间观念都是以太阳和月亮为中心，约定的地点也都是利用自然环境来说明。人们不会因为对方晚了10分钟而生气或者着急，只会耐心地等待，以重逢的喜悦冲淡内心的焦急，心里默念着见面后自己要说的第一句话，脑海里满是对方的脸庞。

"生命结束的时候，你最想带到坟墓里去的陪葬品是什么？"

2009年3月，一个调查组向375名成人提出了这样的问题，令人惊讶的是排在第一位的答案竟然是手机。其中大部分人的理由是死去以后也想和活在世上的家人联络，也有人说手机是日常生活中最不可或缺的物品。仅仅是联络工具的手机，竟已跃升为人们向家人表达感情的媒介，甚至成了最珍贵的物品，其作用的提升程度真是出人意料。

进山后人们会更加依赖手机。韩国深山中有些地方没有手机信号，在陌生的环境中如果手机没有信号，人们会被一种不安全感所笼罩：万一受伤了或者发生了意想不到的事情如何与外界取得联系呢？谁来救助我呢？这种不安感最终迫使许多人对管理山林的管理事务所提出抗议。他们认为韩国作为IT（信息技术）强国，居然还存在没有手机信号的地方，真是不可思议，因此要求尽快设置通信站……

现代人对手机可谓是"爱不释手"，外出要用手机，上网要用手机，办理银行业务要用手机，导航要用手机，甚至是为

了预防犯罪而进行定位也要用手机。有些人要是手机不在手边，就会觉得周围空荡荡的，心里也会莫名其妙地不安起来。更有甚者还会产生幻听，总以为裤兜里的手机响了，然后看着没有响过的手机还会有一种失落感：世界把我忘了。

手机普及后，人们的耐心也消失了。在办公室找同事时先拨内线，如果对方没有接听就会立马拨手机，有时在一层工作的同事因事暂时去了二楼，也可能去了卫生间，但就是这么一会儿，很多人也等不了。

当然，我们失去的不只是这些。当我们与久违的朋友坐在一起时，过不了多久就开始各自用手机接打电话，翻着记事本调整日程。大家没见时盼望着见面，但真正见面以后却不能投入地交谈，而是与不在场的人不时地通电话。还有些人与朋友见面时，一只手拿着茶杯，另一只手却发着短信。虽不是像前者那样不停地打电话，但这种心不在焉的态度比前者也强不到哪里去。到了离别的时候还不忘说一句“电话里再说吧”。如果是这样，今天为什么还要见面呢？另一个人只能一边默默地拨弄着手机，心里一边嘀咕着：“对于他们来说，我到底算什么呢？”

手机和大猩猩的关系

现在手机已成为生活的必需品。这个能拿在手中的小小电子产品，却导演着非洲大陆上的一个个悲剧。位于非洲中部的刚果民主共和国是世界上钶钽铁矿的主要出产国。以前钶钽铁矿的价格比柱石还便宜，但是，从几年前开始，它却变得比金子和钻石还贵。

钶钽铁矿中提炼出的金色粉末“钽（tantalum）”是制造手机时必不可少的重要材料。钽电容这种材料利用“钽”蓄电能力强的特性，对电池内部回路的电压进行调节。

钶钽铁矿不仅应用在手机制造中，也广泛地应用在笔记本电脑、喷气发动机、光纤维等制造领域。随着全世界尖端仪器市场对钶钽铁矿的需求量激增，不过几个月的时间，钶钽铁矿的价格就连翻了 20 倍。

不幸的是，现在刚果陷入内战，政府军胡图族和反政府军图西族之间发生了冲突。反政府军为获取战争资金，将钶钽铁矿卖向黑市。由于钶钽铁矿价格昂贵，反政府军的战争资金比较充足，使得刚果内战旷日持久。20 世纪 90 年代，刚果有超过 500 万人死于内战。

钶钽铁矿工人的开采工具除了一把铁锨外，再没有任何安全设备和安全措施。2001 年，由于矿井崩塌事故，有 100 多名工人死亡。但眼看着钶钽铁矿价格连翻数十倍，种地的农民们还是抛弃了农田，聚集到了矿山，梦想着能一获千金。不过，无论他们多么努力地工作，他们的报酬也只是微乎其微的，因为贪婪的商人已将巨大的利润全部卷走了。

钶钽铁矿不仅剥削了矿工，还破坏着刚果东部的世界文化遗产——卡胡兹—别加国家公园。矿工们将园内树木的树杈砍下，剥掉上面的树皮，再在树杈上做个槽，便可以利用它在泥土中挑出钶钽铁矿了。这样一个被两座休眠火山环抱着的、拥有无数令人叹为观止的景观的国家公园就因矿工的野蛮开发而荒废。

卡胡兹—别加国家公园是地球上仅存的大猩猩们的栖息地。与长臂猿和褐猿一同被誉为“与人类长得最像的类人猿”的大猩猩，是地球上濒临灭绝的物种。但是，为开采钶钽铁矿而聚集在此的数万名矿工，为了填饱肚子，随意猎杀山里的野生动物，所剩无几的大猩猩为了逃避人类的猎杀而四处逃散。赚钱赚红了眼的中间商和各国企业根本不关心这里的矿工有什么样的待遇、国家公园受到了多少破坏、大猩猩死了多少。

手机的寿命有多长？

2010年6月，美国华盛顿。在推出最新款智能手机的苹果手机卖场前，人们举行了禁止使用刚果矿产的示威活动。美国的市民团体和消费者要求苹果公司公开智能手机所用材料的原产地，并质疑苹果公司所使用的手机原材料是来自于随意屠杀平民、破坏自然环境的刚果。面对这样的质疑，苹果公司表示“已经要求电子元件供应商不要使用有纷争区域生产的矿物，但是不确定他们是否遵守，因为这是非常困难的问题”。

几年前，英特尔、摩托罗拉、诺基亚等世界知名的电子企业就受到了消费者的抗议，要求不允许使用刚果生产的矿产资源。诺基亚在2009年发布的《社会责任报告书（Sustainability Report）》中承诺将更加严格地对电子元件的供货网络进行严密管理。摩托罗拉和英特尔也表示，将彻查原材料生产地。但元件供给过程不透明的争论一直都在持续。

每年，全世界新手机的生产数量超过10亿部，怎么会生产这么多的手机呢？电视、冰箱和洗衣机等家电的平均使用寿命都超过了7年，但手机还不到2.5年。其原因是与价格相当的电子产品相比，手机更新换代的周期短，新产品上市时间平均只有两个月，产品的升级速度也很快。

在人们使用着并未损坏的手机，却仍对新推出的手机望眼欲穿的时候，非洲刚果的大猩猩们却失去了他们的家园；淳朴的原住民也由于长期的战争致使其生命受到威胁。

你的手机用几年了？我们应当尽量延长手机的使用寿命。因为这样不只是在节省话费、节约资源，更是保护在地球另一端生活着的大猩猩和原住民的生命。更进一步说，这样做会促使给人们造成无谓牺牲的战争尽早结束，让地球村获得真正和平。这件事任重而道远。

小贴士 通信手段发展的历史

没有手机也没有电话的年代，人们相互间是怎么联络的呢？韩国的高山山峰上有许多烽火台。这些烽火台白天施烟，晚上点火，类似于中国的长城。当敌人来袭时，士兵在一个烽火台上点燃烟火，其他烽火台上的士兵看到后也同样会点燃烽火。如此一来，从南海岸到咸镜道，消息瞬间就能传到。

历史上，还有过传达紧急的军事情报、地域消息和公文等的驿站制度。驿站中传递信息的方式可以分为骑马传递和依靠信使步行来传递。虽然这两种传递消息的速度都比烽火传递得慢，但由于是人工直接传递，因此可以更好地保守秘密。

在韩国，画有龙图像的龙鼓平时被用作乐器，战争时期也可以用于通讯。中国古籍《荀子·议兵》中就记载着“闻鼓声而进，闻金声而退”的军事法令，韩国在战争中也通过奋力敲打龙鼓来传递信息。此外，还有依靠放风筝来传递战斗信号的方法。

通信手段中最古老的是书信。公元前 2000 年，古埃及已经有了传递信件的办事员的记录；公元前 500 年，波斯有了以首都为中心、在一定的距离范围内设置驿站并由马和马夫运送信件的驿站制度。这种驿站逐渐发展，变成了今天的邮政局。从 20 世纪 90 年代开始，随着网络的广泛应用，利用 E-mail（电子邮件）传递消息变得越来越普遍了。

随着科技的发展，越来越多的通信技术和手段开始登场。通常被称为“HAM”的、在短距离内通话的对讲机，即初级无线通信设备被研发了出来；家家都安装了电话；马路上也设置了公共电话亭；收到信息时“哔哔”响的传呼机也曾经风行一时。之后出现的功能多样的手机，使得人们在移动过程中也可以随时互相传递信息。

思考题

1. 第一次使用手机是什么时候？

2. 现在使用的手机是第几个手机？更换手机的原因是什么？

3. 记录一下家里的家电产品种类和使用的时间。

4. 手机元件供给过程透明的企业产品A和不透明企业的产品B，性能和设计类似，但产品A的价格更贵时，你会选择哪种产品呢？为什么？

不要妨碍山鸟们的恋爱

“呀呼”是什么意思?

“呀呼！呀呼！呀呼！”

安静的星期日早晨，我在睡梦中被后山上传来的“呀呼”的声音惊醒。原来是晨练的邻家大叔在通过喊叫释放压力呢。显然喊一声并不过瘾，他便连喊了好几声“呀呼”。他的压力是释放了，可是被夺走了美梦的我心情却很不好。也许大声地喊“呀呼”对邻居家的大叔来说是一种缓解压力的途径，但给在家休息的我却造成了很大的影响。邻居爬个后山都已经这样了，那些每天都有数不清的登山客的名山又会是怎样一幅情景呢?

智异山天王峰，小白山飞芦峰，雪岳山白青峰……这些只听名字就已让人心旷神怡的韩国名山的主峰，其共同的景象却是光秃秃的山顶。

凡登山的人目标都是征服山顶。在他们看来，一定要爬上山顶才算登山。大家都朝着山顶努力地爬着，就好像山顶上藏着什么宝贝，落后于别人就会出什么大事似的。当他们喘着粗气爬上山顶后，却抱着大石头拍照，然后用手机向城里的朋友们直播，向朋友们炫耀山顶多么美丽，炫耀自己爬到山顶用了多么少的时间……

就这样大家都到山顶上踩，树木都被踩光了，绿草也被踩死了，就连黑土都被踩没了。山顶上只剩下光秃秃的大石头，就好像秃顶的人一样。

另外，爬到山顶的人还有一个共同点，那就是大声呐喊抒发自己的豪情壮志，就好像能把山给喊没了一样。

“呀呼！”

为什么到山顶上一定要喊“呀呼”呢？有一种说法是，德语中人们在山上喊人或发送信号用“哟呼”，后来逐渐演变成“呀呼”；还有一种说法是在山上遭遇灾难，求救的时候喊了“呀呼”，听到这个声音以后人们都开始跟着喊了；另外也有人说“呀呼”来源于山上的士兵遇到敌人时点燃烽火后喊的“呀呼，烧起来吧”。

不管确切的由来是什么，反正现在无论是名山还是城市里的小山，“呀呼”的声音不绝于耳。试想一下，每天都有人在家门前喊，又不是为了叫开朱丽叶窗户的罗密欧唱的甜美的小夜曲，难道还有比每天不停地听到这种震耳欲聋地喊叫声更恐怖的事情吗？

山鸟们正在交配

每年 4 月到 7 月是山鸟们交配繁殖的季节。春天到来时，山鸟们为了繁殖，会不停地飞动，叽叽喳喳叫个不停。人们也许会认为这是美妙的歌声，但是对于鸟儿们来说，这只是为了种族繁衍而发出的迫切呐喊。

进入繁殖期的雄鸟会划定自己的领地，防止其他雄鸟进入。因为只有有了自己的领地才会获得雌鸟的青睐。雄鸟叽叽喳喳的叫声就是为了保护自己的领地而向入侵者发出的警告。

雄鸟和雌鸟交配后，雌鸟为了孵蛋会将蛋温暖地捂起来，这个时期的雌鸟会像孕妇一样变得非常敏感。

在这样的繁殖期，进入树林中的人们喊出的“呀呼”声会让鸟儿和其他野生动物受到惊吓。被喊声惊吓到的雌鸟会吓得丢下鸟巢跑掉，或者因为惊恐过度而将蛋啄破。其他野生动物为躲避人类而导致的交配机会减少，甚至错过繁殖期的情况也屡见不鲜。

人们喊出的“呀呼”到底是多大的噪音呢？人们对话的声音是 65 分贝，地铁的噪音是 80 分贝 ~90 分贝，工厂的噪音是 90 分贝 ~100 分贝。通常情况下，声音超过 85 分贝，人类或者鸟类就会感觉到不适；超过 130 分贝，就会给身体带来伤害。就像人们会因为持续的噪音干扰而变得精神异常一样，在山里喊的“呀呼”的声音如果超过 110 分贝，野生动物就会因为噪音而受到影响甚至伤害。

人们习惯于听着收音机散步，开着音乐跳舞，此外那些充斥在人们生活中的汽车喇叭声、手机铃声及饭馆里的噪音等都是迫使人们的嗓门变得越来越大的原因。如今，人们将各种噪音带到了山里，对于习惯了噪音的人类来说这也许不算什么，但对野生动物却有着非常严重的影响。这些噪音对于它们，就会变成沮丧的声音、有害的声音。

同时，山中喊出的声音会有回声。这对于听觉发达、连远处非常小的声音也能听得到的野生动物来讲，则是更大的伤害。一旦动物们舒适的栖息处没了，它们便会向更深的、人们无法接触到的地方躲藏。就像猎人设下的陷阱会夺取它们的生命一样，登山客们无心的喊声，也会将动物们推向灭绝的边缘。

声音对自然造成的影响

美国的心理学家艾尔玛·盖茨博士用人们呼出的气息进行了实验。他将呼出的气体导入冰冷的玻璃管内，将其冷却成液体空气，从而产生沉淀物。结果发现，人们的感情状态不同，其沉淀物的颜色也会相应地发生不同的变化。当人的情绪稳定时，沉淀物是无色的；生气时是古铜色的；悲伤时是灰色的；难受时是淡红色的。将其中生气时的古铜色沉淀物注射到老鼠的体内，几分钟后，老鼠就死了。

嘘!

呀呼!

盖茨博士由此分析，人类生气时呼出的气息有可怕的毒性。如果连续生气一小时，将会呼出可以杀死 80 个人的有毒气体。同样，人的话语可以救人也可以杀人。心情好的人的话语可以提气、鼓劲儿；心情不好的人的话语却总是让人沮丧、泄气。受到委屈时觉得胸闷就是这个原因。

在生气时，我们经常会说一些伤害对方的话，以至于谩骂甚至是诅咒别人，直到将心中的郁闷发泄完之后，才意识到这样做对别人造成了很大伤害。既然人类都这样，那么，对自然界的生命会造成什么样的影响呢？

一旦森林里鸟儿的数量减少，鸟儿们的食物——昆虫的数量就会骤然增加。这些昆虫不仅会给森林造成危害，还会危害到农作物。此外，作为动物食物的树木果实会因野生动物数量的减少而使其种子粘在动物皮毛上传播的机会减少。对于一生都扎根在一个地方的树木来说，鸟儿变少了，自己繁衍后代的机会便少了。长此以往，树木和丛林也会变得不健康。森林不健康，树木释放出的氧气和树根周围的水也会受到影响，这样的不良影响最终还是会回报在人类身上。

当你身处高山上时，请不要大声呐喊，多多倾听自然的声音吧。清新的风声，清爽的水声，树叶摇曳的沙沙声，青草与身体相拥的声音……自然的声音可以帮助人们平和内心的紧张，当你放下忙碌的工作，沉下心来，便会倾听到自然演奏的美妙乐章。那一瞬间，你会发现自己已与自然合二为一了。

- 爬山保持安静，感受一下古木和绿色植物、生命的发源地——湿地、变化多姿的阳光和云彩，感受这一切都融合在一起的天然丛林吧。
- 放弃一次性将所有美丽的地方都看完的野心，不然可能连其中一处都没法好好地体会。
- 不要走捷径。
- 到了山顶不要喊“呀呼”，处于交配和繁殖期的鸟类和鱼类，也会像人类一样变得敏感。
- 不要随意丢弃果皮，果皮上残留的微量农药可以将鸟类和昆虫置于死地。
- 将脚泡进溪水里，生活在清水中的鱼类就无法生存了。
- 即使将捕获的鱼放掉，它也会被人类的体温烧伤。
- 总是进入禁区，管理事务所就只能支起铁丝网，这会让人们感觉恐怖。
- 登山时不要化妆或者喷香水。登山时会流很多汗，化妆不利于健康，香水的味道也可能会刺激敏感的野生动物。
- 背包里杯子碰撞的声音和收音机声、音乐声、手机铃声等机械声响会使听觉发达的动物们逃跑。
- 如果将印着登山队名字的彩带绑在树枝上，就会使树枝无法继续生长，丛林的原始性也会消失。

思考题

1. 调查一下噪音对人体的影响，和置身于吵闹场所的感觉比较一下。

2. 调查一下由噪音引起的争吵和纷争。

3. 住在楼房里的人经常因为噪音发生争吵。如果我们没有在室内跳动或者瞎闹，但住在楼下的人总抱怨太吵时该怎么解决呢？一起讨论一下吧。

北极熊热得直喘？

与北极的绅士打招呼

你好！我是北极熊，我长得可爱吗？我的身长 2.6 米，比普通人大很多，母熊的体重达 200 千克～400 千克，公熊的体重少则 400 千克，多则 800 千克。怎么样？吓了一跳吧？

可是为什么我看起来比我的朋友棕熊小呢？告诉你秘密在哪儿吧。我的脸和脖子比较长，耳朵比较小，再加上我这适合于游泳的流线型身材，所以看上去比相同体型的棕熊要小。

生活在全世界的我的朋友总共有 8 种，它们是棕熊、长毛熊、美洲黑熊、眼镜熊、太阳熊、熊猫，还有生活在朝鲜半岛的亚洲黑熊。我的朋友数量不是很多，所以地球上的所有熊类都被列为濒危物种而受到特别保护。在这些熊类中，我的体型最大。这么大的体型，不会很笨重吗？当然不会。

我游 100 米只需要 36 秒，比“海上男孩”朴泰桓还快呢。我游泳实力超强的秘诀是脚趾之间的脚蹼。而长长的体毛覆盖着脚趾，不仅能防止热损耗，保证体温不会下降，而且在冰面上也不容易滑倒。最重要的是在悄悄靠近猎物时，还能起到消音的作用呢。怎么样？很了不起吧？

再告诉你一些不知道的事情吧。怀孕的母熊会在雪地里挖 3 米深的洞，这样一个四面都被雪盖住的洞要比外面暖和得多。洞里还有通风换气的换气孔呢。如果没有换气孔，雪壁就会由于温度过高而化掉。知道我们有多聪明了吧？

我生活在阿拉斯加、加拿大北部、格陵兰岛和挪威这样有着厚厚冰层的海岸线和冰川的地方。强风和海浪将冰层打破后，我就可以轻而易举地抓到海狗和海豹了，而且偶尔还能吃到漂过来的死鲸鱼肉，所以我很喜欢这些地方。在冰层融化、无法捕猎的夏天，我们便以草、果实和海草为食。

再和你说说我捕猎的方法吧。我只要用鼻子一闻就可以很容易地确定海狗的位置，然后悄悄靠近，有时甚至几个小时一动不动地等待着机会，之后趁海狗不注意，便用前爪猛烈击打它，或是迅速咬住它的颈部。

我穿着厚厚的、肥肥的白毛大衣，随着身体的成长，白毛会慢慢变成黄白色。这件毛大衣可以在万里积雪和冰河中将我的身体隐藏起来，对捕猎非常有利。我的表情虽然看上去比较温顺，但是性格却非常粗暴。除了交配的季节和照看小熊之外，其他时间我都独自生活，孤独就是我的命运。

从几年前开始，我变成了人气明星，地球村的人们都认识了我，但我却一点也不开心。我之所以出名是因为我们的生存陷入了危机。我们主要在陆地上捕猎，但因为地球越来越热，冰融化得越来越快，捕猎的时间越来越短，以至于我们挨饿的时间也越来越长。一些忍不住饥饿的朋友跑到人类生活的村庄里去翻垃圾吃，人气明星北极熊的面子都丢尽了。此外冰融化得越来越快，冰与冰之间的距离也越来越大，因此有很多朋友都掉进大海里淹死了。

除了地球温室效应，偷猎、海岸开发，还有重金属污染也威胁着我们的生命。1987 年，我的生活在哈德森湾的朋友们有 1200 多只，但到了 2004 年就只剩下 950 只了。2005 年，世界自然保护基金会（WWF. World Wide Fund for Nature）曾警告说，20 年后也许只能在《绝种动物图鉴》里见到我们了。生活在冰雪世界中的海豹、海象和白鳍豚的生存也受到了威胁。另外，面临生存困境的还有寒鸦、鸣鸟等鸟类和驯鹿等野生动物。为什么地球会变得越来越热呢?

为什么地球会变得越来越热?

地球的表面聚集着各种各样的气体，太阳释放的热能到达地球表面以后，一部分被地球吸收，另一部分则会反射回宇宙中。此时，包围着地球的气体就好像温室的玻璃一样留住反射到宇宙的热能，因而这种气体便被称为“温室气体”。

通常情况下，维持地球上的生命生存所需的平均温度为15℃。但是随着温室气体逐渐增多，释放到宇宙中的热量越来越少，与此相应，地球上的温度也会变得越来越高，所以地球才会越来越热。

大气中的温室气体包括水蒸气、臭氧、二氧化碳、沼气和氧化亚氮等。伴随着18世纪末工业革命的开始，资源和能源的消耗急剧增加,被排放到大气中的温室气体的比重迅速上升。

人类在各种活动中所产生的温室气体有二氧化碳、沼气、氧化亚氮、氟化碳氢、过氟化碳和六氟化磺等。其中二氧化碳排放量急剧增加，燃烧石油、煤炭和天然气等化学燃料时所产生的二氧化碳的排放量占到了温室气体排放量的90%以上。除了制造厂、汽车和空调排放出的热气以外，生产家电产品和照明器具使用的电能也会排放出大量的二氧化碳。此外，由于过度砍伐，丛林逐渐消失，使得吸收二氧化碳、放出氧气的光合作用也变少了，地球受到温室气体的破坏也就更严重了。

地球温室效应的后果非常严重。地球的温度上升，冰山和万年积雪融化，对云量和降雨量也会造成影响，还会使得海水的水温和盐分含量发生变化，进而影响到海洋循环。在海洋循环的过程中产生的气象异常还会引发干旱、龙卷风、洪水等自然灾害，造成更多的生命财产损失。不仅如此，饥饿和疾病蔓延、生物多样性匮乏、经济损失增加等多种多样的灾难也会接连发生。

地球温室效应不会只停留在冰山融化上，还会导致地球的海平面上升，使地球气候体系发生变化。残酷的干旱、台风、洪水、龙卷风和海啸等自然灾害将在更大的范围内肆虐，这都是因为温室效应的不断加剧所引起的。

1997 年和 1998 年发生了 20 世纪最严重的“厄尔尼诺”现象，1999 年发生的“拉尼娜”现象使地球各个地方都受到了很大的影响。印度尼西亚由于持续了一年多的干旱和由此引发的山火，相当于首尔市面积（605.25 平方千米）两倍的 13 万公顷的丛林消失了；有“地球之肺”之称的巴西亚马孙河一带的丛林也有 61 万公顷被烧掉；因为高温和洪水发生的“登革热”席卷了越南全国。

2000 年，东非地区发生了严重的干旱，致使 800 多万名民众饱受饥饿之苦;2003 年西南亚受到了寒流的影响，孟加拉国、印度、巴基斯坦等国家有 1300 多人被冻死；2004 年欧洲和土耳其地区的暴雪以及菲律宾的台风也造成了严重的人员伤亡。

2005 年，超大型飓风“卡特里娜”席卷了美国新奥尔良州 80% 的区域，造成 1500 人死亡，80 多万人受灾；非洲的乍得湖 40 年来面积减少了 90%；印度北部的拉达克地区，由于

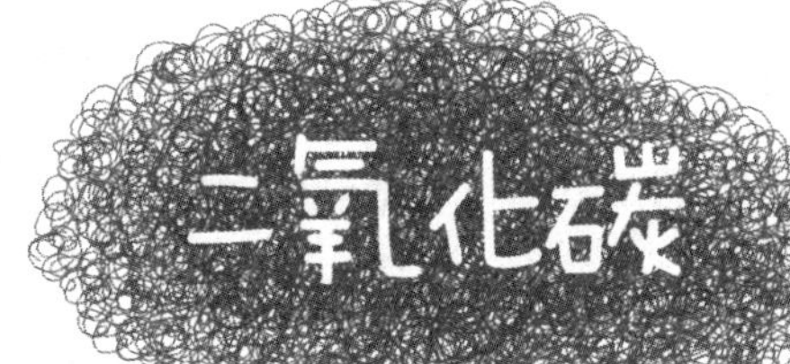
二氧化碳

极其严重的洪水，造成600多人失踪。同时，气候异常使中国农产品价格飙升，国际粮食价格也随之上涨。两个月内小麦价格上涨了80%，玉米和大麦价格也涨了70%。

朝鲜半岛不是安全地带

过去的1万年间，地球的气温变化没有超过1℃。但是工业革命后的100年间，地球的平均气温却上升了0.6℃。其中，朝鲜半岛比地球其他任何区域上升幅度都大，共上升了1.7℃。东海的海平面在过去10年期间平均每年上升6.6毫米，而全世界的海平面平均只上升了3毫米，朝鲜半岛比世界平均水平快两倍还多。

国际能源组织（IEA）的报告显示，以2008年为基准，韩国的温室气体排放量在全世界排第九位。2000年东海岸的山火、2001年极其严重的春季干旱、2002年的台风“露莎”、2003年的台风“鸣蝉”、2004年的暴雪、2007年8月朝鲜半岛北部的集中暴雨和9月的台风“百合”、2010年3月的寒流和7、8月高温，还有2011年1月的异常寒流等等，朝鲜半岛的气象异常现象纷至沓来。1990年的冬天比1920年的冬天短了一个月，春天和夏天开始变长，迎春花和樱花等春季花种的开花时间也变早了，昆虫一年蜕两次皮，植物的南北分界线发生了变化，东海的渔场和鱼类也发生了变化，这一切都是地球“温室效应”带来的后果。

近年来人们都开私家车上班、购物，就是去非常近的地方也要开车。冬天，为了使车内变得温暖，有人甚至提前点火。即使外面的气温已经达到了零下，房间里仍然是只穿内衣就可以防寒了。到了夏天，无论外面有多热，高耗能的空调还是可以让室内保持凉爽，地铁和公共建筑物内都冷得需要穿长袖。有些广告宣传道，开空调可以使世界的温度降低 1 度，但事实是空调放出的热气正是地球逐渐变暖的原因之一。

就在我们这样毫无顾忌地使用能源的时候，北极熊正热得直喘粗气，也许在不远的将来，我们就真的只能在《绝种动物图鉴》里见到它了。冰河融化和海平面水位的上升不仅使北极熊的生存受到了威胁，更严重的问题是，朝鲜半岛的气候也已经开始出现异常现象了。

对于地球温室效应的加剧，我们绝不能袖手旁观。如果任其发展，我们的后代就要付出惨重的代价。假如我们真的为后代着想，就应该将绿色的自然完整地交给他们，而不是大量的物质财产。他们也会因为见到雄伟的北极冰山而感动，也会通过北极熊的生活领悟生命的神奇。

家电产品到底排放出多少二氧化碳？

家电名	消费电力 KWH（千瓦时）	每天平均使用时间	每月使用量 KWH（千瓦时）	二氧化碳排放量 kg（千克）	以一个足球的体积换算
卤素炉	2,000	3.0	180	84.4	8,805.5
电炒勺	1,500	1.0	45	21.1	2,201.3
电熨斗	1,450	0.5	5.8	2.7	283.7
空调	1,300	4.0	156	73.2	7,631
电磁炉	1,300	2.0	78	36.6	3,815.5
微波炉	1,050	0.5	15.75	7.4	770.4
电炉子	900	4.0	108	50.7	5,280
6人用电饭锅	580	1.0	17.4	8.2	851.2
10kg洗衣机	550	1.0	4.4	2.1	215.2
电热毯	350	10.0	105	49.2	5,136.3
吸尘器	310	0.5	4.65	2.2	227.5
电脑主机	250	4.0	30	14.1	1,467.5
LCD电视	120	5.0	18	8.4	880.5
音响	70	4.0	8.4	3.9	410.9
冰箱双开门	60	24.0	43.2	20.3	2,113.2
白炽灯	60	5.0	9	4.2	440.3
电脑显示器	55	4.0	6.6	3.1	322.9
14寸电扇	44	6.0	7.92	3.7	387.4
空气清新器	44	15.0	19.8	9.3	968.6
加热器	37	10.0	11.1	5.2	543
日光灯	25	5.0	3.75	1.8	183.4
泡菜冰箱	24	24.0	17.28	8.1	845.3

出处：能源市民团队《为了减少 10% 的二氧化碳，我们家族的 7 个好习惯》

思考题

1. 1987年的1200只北极熊，到了2004年就只剩下950只了，我们来思考一下原因吧。

2. 过去的一万年间地球的气温仅仅发生不到1℃的变化，但在近100年间，地球的平均气温却上升了0.6℃。我们来调查一下地球渐渐变热引起的各种变化吧。

3. 大量使用化学燃料，虽然生活因此便利了，但地球温室效应却变得更加严重了。是选择像现在一样便利的生活，加快地球温室效应的生活方式？还是选择不便的生活，减缓地球温室效应的进程？并说说选择的原因是什么？

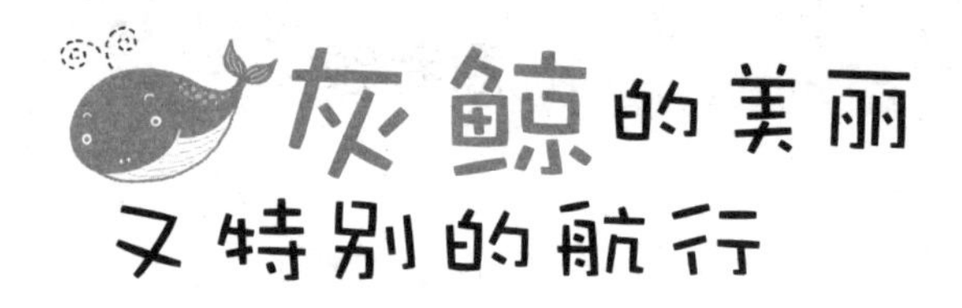

灰鲸的美丽又特别的航行

东海的守护神——灰鲸

都说人死了以后灵魂会留在九泉，我的朋友中有女鬼，童子鬼，还有老奶奶鬼，可我还在水中游来游去地生活。那么，我是谁？是水鬼吗？不，我的名字是灰鲸（灰鲸，韩文直译为鬼鲸鱼）！怎么样，光听名字就觉得阴森森的吧？

我的名字是渔民们给我起的。捕鲸船追来时我们可以瞬间就改变游泳的方向，渔民们看到我们像鬼一样消失，所以就叫我们“灰鲸”，成语“神出鬼没”就是像鬼一样快速地出现又闪电般消失的意思，把它用在我身上再合适不过了。

但我对自己的名字有很多不满，因为我想拥有和自己的美貌相配的好名字。但想想现在的名字也是因为我出众的游泳实力而来的，所以我决定忍了。何况我还有另外一个名字“铁鲸鱼”呢。

我是身长 16 米、体重达 35 吨的大型鲸鱼。靠喝大海海底的泥水，吃海里的小鱼生活。我全身都有灰色的斑点和白色的条纹，从远处看好像是斑斑驳驳的黄色，这是由附着在我身上生活的藤壶、笠螺和牡蛎等生物造成的。它们密密麻麻地粘在我的头部和尾鳍上。由于这些附着生物，我的身体看上去像河边的石头一样。这些小家伙粘在我身上,跟着我到处免费旅行。怎么样？我这个灰鲸既亲切又大度吧？

要不要告诉你在大海远处也能认出我的方法？我在游泳时会喷出 4 米多高的喷气。喷气是什么？人们认为鲸鱼游泳时会喷水，其实那不是水，而是呼气时体内热气与外部的冷空气相遇产生的水蒸气，同时我还会把潜水时阻塞血管的黏液质也一同喷出，因此看上去就好像喷泉一样。喷气可是我的特技呢。

我潜水的本领很高，跳跃、摆尾、环顾四周、冲浪和划开水面的本领也不错。但因为体形太大，所以不能做空中回转。我的朋友长嘴海豚可以在空中回转 7 次呢，真是个让人惊叹的家伙。

我在潜水的时候有抬起尾部的习惯，背部有代替背鳍的凸起，这些小凸起会一直延续到尾部。我的身体上粘着藤壶和牡蛎等，可千万不要把我和北极鲸、黑背鲸混淆，一定要一眼就认出我来哟！

我生活在俄罗斯前海的鄂霍次克海，我会在这个食物丰富的地方度过夏天，不过，在冬天海面结冰之前，我又会随着洋

我的朋友
们都去哪
儿了呢？

流迁移到温暖的南海和中国东海，然后每年 2 月～3 月的时候在那里产仔。到了春天，我会为了好吃的食物再重新回到鄂霍次克海，所以我们又被称为“回游性鲸鱼”。

我们和韩国很有缘分。美国科学家罗伊·查普曼·安德鲁斯从 1912 年开始就在蔚山前海研究我们，他在 1914 年发表了论文，在全世界范围内宣布我们为“韩国系灰鲸”。在许许多多生活在海里的鲸鱼中，我们是唯一一种在名字中有“韩国”的鲸鱼。到 19 世纪为止，韩国海还有很多我的朋友，其他的鲸鱼也很多，因此，那片海被称为“鲸海”。国外的捕鲸船记录的资料里也有这样的记载：“四面八方都是鲸鱼，50 千米～60 千米内都只有鲸鱼。船开得快的时候就会到鲸鱼的背上，鲸鱼也会朝船的方向而来。”你能想象到那时我们的数量到底有多少吗？

污染大海的东西

宽广无垠的大海现在已经变为像大型促销卖场一样的垃圾场了。垃圾进入大海最好的途径是河流。在雨季，当暴雨和台风来临时，随便丢弃在马路上的垃圾会顺着小溪和河流流向大海。随意丢弃在海边的垃圾也会随着涨潮和退潮进入大海。船上丢下的垃圾也不能小看：渔船、游艇、军舰等各种船只都在丢弃垃圾。养殖设施和渔具、渔网等渔业用具也会因为台风而进入大海，全部变成垃圾。

还有一个难题就是流入大海的垃圾不会停留在一个地方，而是会到处漂流。日本京都一个城市有专门展示从韩国漂流到日本的垃圾的展示场，冬季，顺着西北风和日本海流，粘贴着韩国商标的饮料瓶和泡沫容器，甚至是收音机都会漂流到日本去。

日本和夏威夷北部之间的太平洋上漂着两座巨大的垃圾岛，被称为“太平洋巨大垃圾地带”。随着循环的海流和季风，全世界各国的垃圾都会漂流聚集在这里，使这里看上去就像一座岛屿。

据美国海洋大气管理局（NOAA）称，这里的垃圾大约有一亿吨。塑料瓶、废轮胎、废弃的渔网、玩具等种类繁多，这堆垃圾中 90% 以上都是塑料制品。从 1950 年开始，以每 10 年增加 10 倍的速度形成的这个垃圾岛被称为是“人类造出来的最大的人工设施”，其面积是朝鲜半岛的 7 倍。但是垃圾不仅无益，它还会给海洋动物带来极大的危害。

海洋动物无法辨别塑料和食物，也不能利用手和脚或者工具来挑选。水中的塑料碎片和粉碎的泡沫看上去同鱼卵或小的生物很像，塑料袋看上去像海蜇或鱿鱼。把这样的垃圾当作食物吃下去的海洋动物，会因为消化不掉塑料和泡沫，肠胃始终有饱腹感，最终因为营养失调而死。鲸鱼、海豚、海豹、海龟等体型较大的生物也会因为随意吞下锋利的塑料碎块而划伤内脏甚至失去生命。

同样鸟类也会受到伤害。塑料垃圾照射到紫外线以后会慢慢地粉碎，鸟类会将这些碎片误认成食物而吞下。因为塑料带来的饱腹感，鸟类最终也会饿死。美国海洋大气管理局在夏威夷周围发现了无数的死鸟，而这些死鸟的胃里都充满了塑料。

鲸鱼去哪儿了？

从前，在每年的 4 月～5 月和 11 月～12 月时经常可以在东海岸蔚山前海见到巨大而美丽的旅行者 —— 灰鲸。为了保护灰鲸的这片栖息地，韩国在 1962 年将蔚山前海命名为“灰鲸回游海面”，并把它指定为第 126 号天然纪念物进行保护。现在，位于蔚山盘龟台的史前时期岩刻画上还能清晰地看到灰鲸照顾幼鲸的图画。

但是，不知什么原因，在韩国海域最后一次捕到灰鲸是在 1966 年，最后一次发现灰鲸是在 1977 年蔚山防御阵前海，从那之后就再也没听说过关于灰鲸的消息。

灰鲸回游的路线有三条：第一条是顺着朝鲜半岛东海岸的路线；第二条是沿着日本东海岸的路线；第三条是沿着日本西海岸的路线。由于灰鲸不再出现在韩国，鲸鱼专家们推测，灰鲸或许改变了回游路线。

在日本占领朝鲜半岛期间，日本捕鲸船捕获了 1, 306 只灰鲸，灰鲸的数量开始急剧减少。为了防止滥捕行为，国际捕鲸委员会（IWC. International Whaling commission）在 1982 年发布了《禁止捕鲸条约》，宣布禁止商业捕鲸行为。现在灰鲸只剩下俄罗斯库页岛的菲尔顿湾前海的 100 多只了，但是即使保护得再好，灰鲸也可能会因为近亲交配而灭种，何况现在它们根本没有得到很好的保护。

在距离灰鲸的栖息地不过 10 千米的海面上有着巨大的钻井船，那里正在进行着多国石油企业合作开发的“库页岛项目”。他们为了找到石油，发动钻井船对海底进行挖掘、钻洞，从而制造出了巨大的噪音，排放出了大量的污染物质。这里从 2004 年 4 月开始生产石油，每天都有大量的输油船和直升机在海面上奔波忙碌。

原本无忧无虑的灰鲸失去了安全的栖息地。俄罗斯的环保团体“库页岛环保组织（Sakhalin Environment Watch）”通过宣传，试图告诉民众大规模的海上石油开发使灰鲸的栖息地受到了严重威胁，噪音和其它污染正使灰鲸慢慢地死去，鳕鱼和青鱼等生物也面临着灭种的危机。

灰鲸贸易也是威胁灰鲸生存的一大元凶。虽然《禁止捕鲸条约》规定禁止商业捕鲸，而只能以研究和调查为目的捕鲸，但赞成捕鲸的国家为了避开《禁止捕鲸条约》想出了各种高招巧立名目。

韩国每年有100多只鲸鱼被渔民捕获，然而政府规定：如果不是故意而是偶然捕获的鲸鱼是可以贩卖的。所以渔民们就将捕获的鲸鱼伪装成偶然捕获的样子非法贩卖。一只鲸鱼的价格大概在1亿韩元左右，所以面对被捕获的鲸鱼，渔夫们也很难抑制他们的欲望。

鲸鱼是生殖周期较长的哺乳动物，2年～3年产一次仔，而且每次只产一只，直到幼仔独立生活需要两年左右的时间。也就是说，鲸鱼的数量每增加一只就需要4年～5年的时间。

不断流入大海的大量垃圾和沿着海岸密密麻麻布下的渔网、直接将垃圾投入大海的餐厅和温泉度假村、充满了刺目的灯光和喧闹声的海滩……看着这样的环境，鲸鱼中唯一带有“韩国”名字的灰鲸也许正怀念着安逸的过去，期待再次沿着干净的东海岸悠闲回游的那一天。

但是仅靠沉浸在回忆中是无法返回过去的。灰鲸经过的水路发生了太多变化，变得危机四伏。那些在火红的夕阳下和碧绿的大海衬托下自由自在遨游的巨大旅行者——灰鲸，此刻正在哪里进行着美丽而又特别的航行呢？

思考题

1. 据说，100年前，韩国海里还有很多鲸鱼，思考一下鲸鱼消失的原因。

2. 鲸鱼不能消失的原因是什么？鲸鱼如果在地球上完全消失，会发生什么事？

3. 在网络上搜索一下“太平洋巨大垃圾带”的照片，为了解决这个问题，渔民、环境部、世界各国，还有我们能做些什么？

4. 鲸鱼看到“太平洋巨大垃圾岛”会有什么想法？站在鲸鱼的立场上，叙述一下对于巨大垃圾带的想法。

活着的眼神是美丽的

享受人类待遇的宠物

刚打开门，可爱的小狗就跑到我的脚边，小狗各种滑稽的表情和亲昵的动作使我的心情变得更加愉快，家里的氛围也开始发生变化。在现代社会中养一只宠物所需投入的精力不比养育一个孩子的父母投入得少。

宠物狗专用的牛奶和面膜、宠物用毯子，利用天然材料制成的营养素、金项链和意大利产皮项圈、石床、杀菌干燥剂，甚至狗基因卡……有些人还会给狗进行价值不菲的体检，花费昂贵的宠物治疗费、手术费和葬礼费。与之相应，宠物服务市场也正在急速扩大。

如今的狗再也不是被拴在院子的一角处理剩饭的可怜虫了。它们改变了以看家的本领换取饭钱的身份，摇身一变升级为像孩子一样受到贵宾待遇的宠物了。就这样，宠物和人像伴侣一样和睦相处，使孤独的人得到心灵上的安慰。有些宠物还得到了“宠物伴侣”这个美名。与人类同样的生命体受到尊重是无可非议的，但将人类的消费习惯和奢侈习惯也转移到动物身上是应该的吗？他们也应该享受这种待遇吗？

“我一下班回到家，狗就高兴得不得了，我开门进去，它就会露出牙齿，皱起鼻梁，露出可爱的笑容。因为一整天被关在家里，所以它见到我就非常高兴，偶尔带它出去散步时它就像疯了一样到处跑。因此，我现在正考虑把它送到有院子的农村去。”（上班时将狗独自放在家里的朴善美小姐）

“一起来就要给它擦眼屎、刷牙、穿衣服，还要做饭，每天早上，我都忙不过来，还要照顾它们，忙得晕头转向。何止是这些？一有空就要给它们洗澡、剪指甲、清洁耳朵，还要带它们散步。要想在家里养狗，那主人可真得要非常勤快才行。”（在公寓里养了两只狗的金智慧小姐）

其实真正喜欢动物并饲养宠物的人也有很多烦恼。开始时想喂它们吃剩饭，但因为长期和人类一起生活，狗的免疫力和消化机能变弱，经常会呕吐，所以人们不得不放弃了这个想法。而且，由于环境中污染物质太多，宠物的毛发变得比较硬，经常得皮肤病。因此，很多人都选择将宠物的毛剃掉，直接买件小衣服给小狗穿。但是就像人将头发剪短或者剪得不满意时会戴几天帽子一样，被剃毛后的狗同样会感到害羞和不安。

总在房间里生活，动物的腿部肌肉开始衰弱，经常生病。动物医院则劝说主人们，想让动物健康，就要给它吃药；想要动物变得漂亮就要给它修剪耳朵上的毛；还要在发情期到来之前进行手术。此外,宠物用品的价格也越来越高。享受如此“厚遇”的宠物们真的幸福吗?

熊在朝鲜半岛上灭绝的原因

动物市场是仅次于毒品市场和军火市场的第三大黑市场。在亚洲最大的动物市场——印尼雅加达的普拉姆卡，热带雨林中自由奔跑的野生动物在这里被秘密交易，国际保护物种大硫黄鹦鹉和极乐鸟、猩猩、马来熊、懒猴等动物被关在铁窗内。这里被贩卖的动物种类繁多，价格也千差万别。商人们花言巧语地诱惑着买家，声称拳头大小的眼镜猴可以放在衣服兜里顺利通过海关的检查。

被当作宠物卖掉的猴子，在注射了麻醉针后躺在狭窄的箱子里；刚刚被抓来的小猴子因为有可能咬人而被活生生拔掉了牙齿；为了便于剥制珍稀鸟类，极乐鸟被晒成了肉干；食蚁兽被活生生地放在火上熏烤，然后被切下颈部和臀部；熊被开膛

后，人们会将吸管直接插入其胆内，吸取新鲜的胆汁。受伤而无法体现价值的动物则被丢弃在角落里的垃圾箱内。

在韩国进行交易的珍稀动物大部分来自东南亚的动物市场。当地的商人们可以流利地用韩语说出韩国人喜欢的动物的名字，因而，韩国人对这些动物的购买量非常大。

“CITES”即《关于有灭种危机的野生动物的国际交易条约》于1973年在美国华盛顿签署，这是一部有关防止动物被滥捕的国际条约。韩国于1993年加入了该组织。由于韩国人喜欢吃熊胆，因而遭到世界环境组织的不断非难。组织声称，韩国人不仅会让朝鲜半岛的熊灭绝，还会让全世界的熊都陷于灭绝的境地。

这些在动物市场上非法交易的动物大部分是由原住民抓来的。由于这种动物交易比种田更容易获得高收益，所以他们明知犯法，却还要继续偷猎。不只是印尼地区，墨西哥的山麓下、巴西亚马孙密林中、非洲草原上等世界各地的原住民都在以捕获野生动物来维持生活、获取非法利益。

商人们把这样被偷猎来的动物秘密交易给宠物发烧友。这些人仅仅是因为想拥有别人没有的宠物，所以越是珍稀的，越是有灭种危机的，他们就越想买，当然价格也就被抬得越高。

韩国每年进口的宠物种类超过100种，数量会达到数十万只之多。其中不仅包括了小猫、小狗等哺乳类动物，还包括了蜥蜴、鬣蜥、乌龟等两栖爬行类动物和一些珍贵的昆虫，甚至有热带地区或密林中的特殊物种或保护物种。此外，还有“CITES”严禁交易的物种。

像动物一样生活的权利

另一方面，遗弃动物保护所却因为被丢弃的动物而伤透了脑筋。从韩国农林部发布的统计数据看，2004 年全国被遗弃的动物数量为 45,000 只，2006 年为 69,000 只，2008 年为 78,000 只，2009 年为 83,000 只。被遗弃的动物中大部分是狗，数量平均每年增加 10% 以上。幼小而又乖巧时买来的宠物狗，一旦失去吸引力就会被无情地丢弃。动物也和人类一样是有生命的存在，却被如此轻率地丢弃。

休假时丢弃宠物的人更多，也有将宠物丢弃在旅行地的情况，这样被丢弃的动物在街上转悠会威胁行人的安全；突然跑到道路上也会引起交通事故；在胡同里整天叫还会给居民的生活带来诸多不便。

被丢弃的狗由相应机构收留后，会被送到动物救助管理协会、动物医院以及遗弃动物保护所等处等待新的主人来领养，但那些最终还是没有找到主人的狗，会因为没有合适的地方照看且大部分在街头流浪时得了病而被执行安乐死。2008 年，首尔市相关机构对 6,220 只狗实施了安乐死，全国超过 24,000 只狗孤零零地死去。

其实人类最初开始养的动物是狼。公元前 14000～公元前 12000 年，在远东地区史前时代的部落里，狗的祖先——饲养狼登场了。之后不久人们开始养山羊。大概 9000 年前，在亚洲开始养牛和猪，之后马、骆驼、驴、水牛和家禽类开始出现。3000 年～4000 年前，古代埃及出现了宠物猫。至此，当今作为宠物的大部分动物已经进入了人们的生活。

人类和动物混居有着这么悠久的历史，但是，我们是怎样对待动物的呢？在得到了别人没有的珍稀动物而向别人炫耀之前是不是应该先想一想：这些动物会不会是在密林中被随意捕获来的？它们能不能适应这里的环境呢？

好不容易来到这个世界上的动物却一直被关着，连产下一个幼仔甚至是交配的机会都没有就结束了生命，这是多么可悲啊！动物们也有互相爱慕之情，也像人类一样有生活的权力。由于人类的野心，应该在密林里自由自在生活的珍稀动物如今都变成了商品。那么丧失了野性的动物和丧失了人性的人类有什么区别呢？

自然生态界是由哺乳动物、植物、鱼类、昆虫和微生物共同组成的生物链一同维系着的。如果没有微生物，落叶就不能返回到土壤里；如果没有昆虫，植物就无法结出果实；丛林里如果没有野生动物，他们的食物——草和树木就会因为长得过于旺盛而影响其他物种的生长，靠吃动物的排泄物生活的昆虫和微生物也会消失。弱肉强食、周而复始的丛林生态法则一旦被打破，人类的生活也会发生翻天覆地的变化。

一种野生动物的灭绝不是只在《绝种图鉴》里增加一页那么简单，这个生命在生态界担当着的重要作用以及通过它维持着的生态平衡也将会随之永远消失。

与被我们关起来的动物相比，那些带着野生的气息、眼睛炯炯有神的动物看上去更富有生气，所有的生命都是在它自己的位置上时才会绽放出自己最独特的光彩。现在开始，让我们努力为动物们找回属于他们自己的乐园吧。

思考题

1. 在养宠物之前，我们必须做好准备。想一想要做哪些准备呢?

2. 最近，把宠物叫为“宠物伴侣”的情况越来越多。想一想宠物和“宠物伴侣”的区别。

3. 给猫喂食的居民和认为给猫喂食会导致野猫数量越来越多的居民发生了争吵。你同意哪一种意见？表明自己的立场，简单地说明一下支持这种想法的原因。

第2章

对邻居的思考

隆冬的水风波

我这人总是粗心大意，总是因为一时的疏忽，把芝麻大的小事弄成大事。天气预报说强冷空气即将来袭。俗语说：“冬季三寒四暖。”所以我觉得只要注意三天就可以了。只要把门缝堵死，注意不让锅炉和自来水管冻住就万事大吉了。

但想起去年冬天自来水水管被冻住、锅炉的燃油用完、煤气也用尽的情景，到现在我还心有余悸。去年冬天犯过的错误绝对不能再犯第二次了。于是我在窗户上贴上门缝纸，又挂上厚厚的窗帘；锅炉用旧的毛皮大衣盖上；自来水也开得非常小，还在下面放上了水桶。心想这样够完美了吧。终于熬过了3 天左右，外面的天气就如同预报里说的那样，又明媚如初了。但是当我打开厨房的水龙头时，水龙头只发出了“咕 —— ”的声音。呃！难道今天停水了吗？不应该啊。哎呀！看来还是因为自己的疏忽惹的祸事啊，自来水管又被冻住了。于是我每隔30分钟开一次水龙头，同时用热水浇。但水龙头还是没有任何反应，就好像在嘲笑我的疏忽一样。此后一连几天自来水管都没有任何动静。没办法，只能等天气变得暖和点再说了。

打水可真是麻烦事。提着桶到别人家接水，然后把水提回来，感觉腰都快要累断了。每天提水就已经够凄惨的了，还要为了节水用很少的水做饭、刷碗，真是让人抓狂啊。难道说我从前吃饭、洗脸、擦地需要用很多水吗？

这样过了几天，我实在是坚持不下去了。干脆改变策略吧！洗澡也就大概洗洗，凑合着过吧。反正天气也挺冷的，就算几天不洗也无所谓。洗什么衣服呢？也都攒着呗。索性来水之前也不出门了，趁着这个机会把以前没时间干的活儿都干了吧。

计划之外的“自由生活”开始了，可谁能想到几天没有水会给生活带来这么多不便呢？从前，只要打开水龙头就可以随意使用冷热水，所以体会不到水的珍贵，也不懂得珍惜的意义。如今，终于体会到水给人类带来的便利了。

地球的水只剩半勺

地球有三分之二的面积被水覆盖，但是人类可以使用的水其实并不多。地球上的水大概有13.8亿立方千米，如果将其用百分比来表示，那么海水占97.41%，淡水占2.59%。淡水中 1.984% 处于冰山状态，0.592% 是地下水。除去这些水，人类可以使用的水仅为 0.014%，其中湖水 0.007%，土壤里的水 0.005%，蒸发到大气中的水 0.001%，河水 0.0001%，生物占 0.0009%。

假设地球上全部的水是 100 升的话，我们可以使用的水只有半勺！这些水要分给地球上的 65 亿人，还要再分为工业用水、农业用水和生活用水。如此一来，每个人可以使用的水量就更少了。人类可以使用的水量本已十分匮乏，而更加棘手的问题是，人类仅有的能够饮用的江水、溪水、泉水等地表水资源也已变得浑浊不清了。

生活在城市中的人们选择了过分消耗水量的生活方式。自来水管、抽水马桶和洗浴设施进入了家庭，使人们的生活变得更加便利。但是，与从前从井里打水用的时期相比，每个人的用水量却增加了很多。

耗水量增加了，当然就需要更多的水。但如果想得到清水就需要修大坝，自来水管道等设施也需要相应地增加。可是大坝的修建会改变周边的自然生态系统：鱼儿再也不能逆流而上，在小溪里生活的生物不得不离开自己的安乐窝，经常性的大雾也使农作物无法正常生长。同样，耗水量的增加使得废水量也增加了，净化设施也要随之增加，废水处理费用自然也会增长，如此便形成了恶性循环。

100 ℓ

地球村忙于打通水源

许多欧洲国家将河流当作下水道，因此水污染问题十分严重。有报道称，英国 472 处海水浴场中没有受到污染的只有 45 处。

2004 年，在印度孟买召开的“世界社会论坛”上出现了这样的海报：“你的尿比世界上 11 亿人喝的水还要干净”。缺水的发展中国家 1 个人一天洗漱、清扫和做饭所使用的水与发达国家 1 个人冲一次厕所使用的水量差不多，大概是 13 升。

联合国人居署（UN-HABITAT）发表的《世界城市的水和卫生（Water and Sanitation in the World's Cities）》宣称非洲城市的居民中有 1.5 亿人无法得到净水供给，1.8 亿人无法使用浴室和洗手间等卫生设施。

在肯尼亚首都内罗毕的哈鲁马贫民窟中，每 10 户人家使用 1 个洗手间。在另一个有着 332 户人家 1500 多人居住的区域内，只有两个带浴室的洗手间。亚洲有 7 亿人喝不到干净的水，有 8 亿人由于脏乱不堪的卫生设施而备受困扰。南美和加勒比海地区城市也同样有 30%～40% 的居民因为水源问题而苦恼。在非洲，女性们为了打回当天需要的水，每天平均要走 10 千米路程，所需时间超过 4 个小时。

因喝污水而死亡的人比在战场上中弹身亡的人的数量还要多。地球上每 5 个人中就有 1 个人喝不到干净的水；每 5 个人中有两个人无法享受清洁的卫生设施。每年因饮水致病死亡的人数是“9・11”恐怖事件死亡人数的5倍。

“洞”字的本意指人类聚集在一起生活的地方，可以看作是“水同”，表示“喝同样的水”。东方人认为水是村庄形成的基础，但是受着人类文明起源的名江大川滋养的人们现在正为打通水源而战斗着。尼罗河、约旦河、底格里斯河、幼发拉底河、湄公河等都是这样。

每年夏天的不速之客 —— 雨季和台风都会如期而至，造成破坏性的后果。每到那时，天空好像漏了洞一样下着大雨，强风也像要席卷世界一样冷酷无情，但是朝鲜半岛依旧缺水。如果无法协调好水资源利用与人类发展的关系，地球的“饥渴症”是无法得到缓解的。

水，请这样节省吧

- 刷牙时及时关闭水龙头，每次最多可以节约 9.5 升水。
- 洗头时接水洗，洗澡时用淋浴。
- 刮胡子或者洗澡打肥皂的时候，请将水龙头关掉。
- 请尽量使用淋浴器节水型花洒水龙头。
- 洗澡时间每减少 1 分钟，可以减少 7 克二氧化碳的排放。
- 在公共浴池洗浴后请关好水龙头，不要让水白白流失。
- 将碗攒在一起接水洗。
- 淘米水可用来擦有油的碗。
- 在马桶上安装节水型指针。
- 衣服攒在一起洗，按标准加洗衣粉。
- 洗衣机排出的废水可以用来擦地。
- 定期检查水龙头和水表，防止漏水。
- 使用易溶于水、对皮肤有益的天然香皂。
- 洗车时不要使用水管，用水桶接水后用抹布擦车。
- 清扫走廊或院子时，洒二次用水。
- 用接来的雨水打扫花坛或庭院。

思考题

1. 记录一下停水时的难忘经历吧。

2. 我每天的用水量有多少？与其他国家一个人一天的平均用水量相比，有什么差异？原因是什么？

3. 假设突然无法使用自来水了，只有瓶子里的1.5升水可以用，要用这些水度过一整天会怎么样？详细记录一下可以不必用水的事情。

4. 找出饮用水不足以及河水和地下水污染给生活带来的不便，并以此为主题在班上进行演讲。

T恤衫里的眼泪和叹息

T恤衫的诞生过程

叠衣服的时候我顺便打开衣柜整理了一番，发现原先只需两个包就能装下的衣服，现在却多得堆满了整个衣柜。我以前认为衣服不需要多，只要四季有几件整洁的衣服就行，有买衣服的钱还不如多买本书看。那时我买件衣服总是穿得袖口和裤脚磨破了才扔掉。可是不知从什么时候开始，我变得喜欢去服装店了，而且看见喜欢的衣服就想买下来。生日或者纪念日时送衣服的人也越来越多，再加上自己买的衣服，衣柜很快就不够用了。

把衣服按季节一件一件整理下来，发现光T恤衫就30多件。有偶尔看到后非常喜欢就买了的；有瞄了很久、下了很大决心才买的；也有不少是旅行时留作纪念买的；还有些是为了买来挂在显眼的地方提醒自己减肥的，其中不少T恤上都印着大字。由于太多，有的没穿几次就塞进衣柜里，但又觉得扔了可惜，想着总有一天会穿的，所以就一直攒到现在。

因为T恤价格比较便宜，所以穿一段时间扔了也不心疼，当礼物送人也没什么负担。现在参加个什么活动，发的纪念品大部分都是T恤。虽然我已经有很多T恤了，但还是忍不住想买。这样便宜又舒适的T恤衫在我的衣柜里每年都会增加几件，当然偶尔也会扔掉几件。

T恤衫是1913年美国海军给士兵当作内衣发放的，至此之后便开始了它的历史。1938年美国零售商把T恤衫变成了商品；20世纪50年代，詹姆斯·迪恩和埃尔维斯·普莱斯利（猫王）等明星让T恤衫成功地成为大众服饰，北美每年生产T恤衫要耗费1900万吨棉花，这种棉织物是世界上卖得最好的衣服。

虽然T恤广受好评，但也存在不少问题。其中最主要的是种植生产T恤的原料——棉花时所使用的农药问题。据世界观察研究所（World Watch Institute）发表的《2004年地球环境报告书（State of the World）》称，棉农每年会使用价值26亿美元的杀虫剂，超过世界杀虫剂平均使用量的10%。这些杀虫剂不仅污染了大量耕地，而且毒死了大量鸟类、鱼类等野生动物，更污染了耕地附近的河流，使附近居民损失惨重，甚至有许多农民因中毒而失去了宝贵的生命。

棉农在收获棉花后会将种子和纤维分离，其中纤维会在纺织工厂被加工成线，然后再用织布机将线织成布。T 恤衫做成后再对其进行天然染色和化学染色，生产过程中衣服上产生的斑点和褶皱也要用化学物质去除。最后，这些含有铜和铅等重金属的化学染料会从工厂的排水口排出，污染水源。

在生产过程中产生严重污染的 T 恤衫以低廉的价格占领了市场。韩国也开始大量进口便宜的棉花，曾经在韩国到处都是的棉花地如今已经消失了。现在我们穿着的棉 T 恤都是用进口的棉花做成的。

T 恤衫是怎么做成的?

世界上最大的棉花生产国是中国，印度和美国紧随其后。中国是T恤衫的第一生产大国,生产数量占全世界的65%以上。在印度，T 恤衫生产企业雇佣的劳动者中有 90%～95% 都是为了生计的外出打工者。他们未经政府许可，从贫穷的内陆前往沿海地区打工，每天工作 16 小时～17 小时，工作时始终受到控制和监视，还要忍受体罚和辱骂。月工资只有 50 美金～60 美金，而且还会被拖欠两三个月，

为了养活没有劳动能力的父母，农村的姑娘们也聚集到沿海城市。她们不分昼夜地在缝纫机前辛苦劳作，有的还会因过度疲劳而死。但是，勾结在一起的官商却将这些女工的死亡事

实掩盖起来，而我们则穿着她们用生命换来的T恤衫穿行在大街上。

每到举行奥运会的时候，世界知名的运动品牌就开始忙碌起来。因为他们想以奥运会为契机，获得更高的利润。在泰国有名的运动品牌服装加工厂中，劳动者每天要工作16小时，一周工作6天，而且都是强迫性的。

柬埔寨的加工厂中大部分劳动者都是在没签订劳动合同的情况下工作的，因为没有签订劳动合同，即使遭到了不公正的待遇，他们也无法抗议。不过即便有合同，工厂主也不会好好遵守，他们不愿承担工人的生育休假、健康保险和解雇费用，所以只雇佣临时工。在以女工为主的印度尼西亚的工厂里，虐待和暴力已经到了相当严重的程度，性骚扰和性暴力经常发生。在为奥运会做服装的工厂里却体现不出一点奥运精神。

即使在这样恶劣的条件下工作，劳动者也无法做出任何反抗。因为他们害怕这些跨国企业会迁移到其他地方，使他们失去工作。为了生计而涌向城市的人已越来越多，工厂主根本不担心找不到工人，因而也根本不考虑改善工人待遇的问题。在我们轻易地买来却又很快丢掉的一件薄薄的衣服里面，包含了邻国劳动者的多少眼泪和叹息。

应该穿什么?

现在咱们来谈谈生产衣服的原料。棉或麻等植物纤维和毛或丝等动物纤维都是天然纤维。而我们平时穿的衣服大部分都是经过工厂加工生产出来的人造纤维，人造纤维中 80% 是合成纤维。

合成纤维是由煤炭和石油的附属产品 —— 合成树脂做成的。在合成纤维发明之后，因其耐磨性好而被广泛应用于服饰生产。但是在生产和加工这种合成纤维的过程中使用的化学物质却给我们的身体带来了很大危害。

合成纤维是将融化的塑料通过细小的孔，制作成纤维形态，

然后用化学药品使其固化而成的。在合成纤维与皮肤直接接触的过程中，有害物质就会进入皮肤。此外，由石油和煤炭的附属产品制成的尼龙、聚酯、丙烯酰胺、提特伦、维纶、涤纶和聚氨酯等合成纤维，对我们的身体都没有什么好处。

仔细观察一下服装店里展示的衣服就会发现，几乎所有的衣服为了防收缩、防水、防褪色，在加工过程中都使用了化学物质。不少衣服为了漂亮的颜色和格纹而进行染色处理。此外，在衣服加工过程中，为了让衣服料子的触感变柔或为了去除衣服上的污渍而进行的漂白，都需要添加化学物质。到服装店里感觉眼睛和鼻子发酸就是因为这些化学物质刺激的缘故。

用合成纤维做成的衣服埋在地下后需要很长时间来分解，焚烧时还会产生有毒气体。我们像对待一次性用品一样对待的这些衣服正在堆积成山。

为了进行自我反省，我决定一段时间内不买衣服了。1 个月，两个月，6 个月……坚持了一段时间之后，由于没有了对衣服的执著，日子倒也很轻松地就过去了。于是我就继续咬着牙忍住消费的欲望过了好几个季节。这期间我也曾在心里暗自担心怕发生什么差错，但最终什么事情也没有发生，没有出现无衣可穿的窘境，因为我衣柜里的衣服应付这段时间还是绰绰有余。可喜的是，我的思想开始慢慢发生改变，我不会再因为衣服不够穿而有所不满，并且对现有的衣服也有了更多的感情。

无论曾经多么喜欢的衣服，一想到它所引起的环境污染，我的心里就感觉不舒服。有时我会扪心自问："我一年到底买了多少件衣服？这些衣服又是用什么材料做成的呢？"一想到此我便会下定决心：只要是整洁的、合适的衣服我就会一直穿下去，而不会将只穿了一季的衣服轻易丢弃。

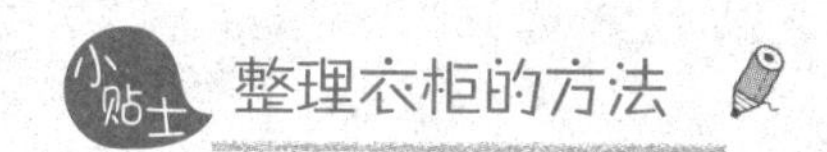

- 将一年都穿不上一次的衣服挑出来。
- 把大小不合适或者穿腻了的衣服捐赠给需要的人。
- 天然纤维质地的衣服，看看能不能改成枕头、坐垫或桌布等其他用品。
- 将有美丽花纹或者颜色还算过得去的衣服设计成简单的购物袋或者挎包。
- 孩子长大了之后不能穿的衣服可以送给别的小孩。
- 按季节整理衣服，这样容易找到。
- 不适合自己的衣服送给朋友或者邻居。
- 长袖 T 恤可以送给需要干农活的亲戚。
- 把旧衣服放进“旧物捐赠箱”会被重新变成有用的东西。
- 把校服捐给学校或者送给晚辈。
- 买新衣服时不要只挑名牌，应该选择那些合适耐穿的衣服。
- 天然纤维制成的衣服比合成纤维制成的衣服更有益健康。
- 便宜的衣服很容易让人感到厌倦，这会造成更多的衣物垃圾，因此要少买这类衣服。
- 先放弃“没有衣服穿和衣服一定要多”的想法，再打开衣柜。

1 我多长时间买一件衣服？做一个最近6个月买的衣服的目录吧。

半袖T恤____件

长袖T恤____件

无袖T恤____件

裤子____条

裙子____条

其他____件，____件，____件

2 主要在什么时候买衣服？买的时候和谁一起去呢？

3 最旧的衣服是哪一件？那件衣服穿了多久？

4 买的衣服都会穿吗？记录一下因不满意而不穿的衣服是怎么处理的。

被塑料袋包围的地球

免费赠送塑料袋的美意

“一定要把饺子放在这个盒子里哦！”

这是我家小区附近饺子做得最好的一家饭店，想到马上就能喝到热乎乎的饺子汤了，我美滋滋地走进了店里，嘱咐店主把饺子装进我自带的盒子里。

“装在盒子里饺子容易破，破了就不好吃了。”

店主毫不犹豫地把店里使用的一次性盘子和塑料袋递给我，告诉我只有这么装才能保持饺子的形状。可我也不能这么轻易就退缩，从这家店到家也就 10 分钟的路，根本就不用担心饺子会破，而且我也不想用一次性盘子和塑料袋。于是我对店主说：“饺子破了我吃着也香。”坚持让他把饺子给我装到盒子里。

店主却毫不退让，跟我说可以把一次性盘子用完以后再还回来。最终费了好大的劲,我还是让店主把饺子装到了盒子里。

虽然“战争”最终以我的胜利而结束，但也伤了我的自尊，我甚至考虑以后还要不要来买饺子了。

冷静下来仔细想一想，比这争论更重要的是理解这些实践的重要性。虽然我的想法是好的，可采取的方式错了。饺子店主人也是带着自尊心诚实工作的人，我也应该尊重他。在结束了争论，成功地将饺子装进盒子以后，我才领悟到这一点。

店铺和市场里经常发生这样的事：店家想把东西帮我装在塑料袋里，我却想装在自带的篮子里。其实好心的店家将顾客挑选的东西装在塑料袋里，是他们的服务，更是他们的关怀。但我却总是不得不辜负他们的好意。不过有时要辜负他们的好意，还真不像想象中那么简单。

在市场里，当我站在菜摊前考虑要买什么的时候，卖菜的大妈就会马上抓起塑料袋，大有只要我一开口，不管是什么东西都会马上装进去的架势。在我还在挑拣其他菜的时候，大妈已经开始往塑料袋里装了，有时还会好心地给豆腐或者海鲜之类有水的东西套上两个袋子，即使我告诉她我有菜篮子，不用套两个袋子也可以。

“这一个塑料袋能值几分钱啊……这样才放心。”

东西买得不多，塑料袋却拿回来了不少。这让带菜篮子去的我感到很羞愧。在许多大型超市里，营业员干脆将蔬菜和水果分别包装后再贴上价签，所以即使顾客带了菜篮子去也派不上什么用场。每次我去市场，家里的塑料袋就会增加。每当看到增加的这些塑料袋，就后悔自己当初没能坚决拒绝。

1 年 50,000 亿！

几年前，我曾访问过菲律宾的巴塞克地区。巴塞克地区位于流经菲律宾首都马尼拉的波蚀（巴石）河河口，是一个聚居着 6 万多名贫民的贫民区。每年 6 月～12 月的雨季，随着暴涨的江水，上流的各种垃圾越过大坝，流到这里。为了躲避浑浊的江水和成堆的垃圾，巴塞克大部分的板房都像水上阁楼一样建在柱子上面，而放在密密麻麻的板房间的窄窄的木板则代替了道路。

2003 年 3 月的一天，巴塞克发生了严重火灾。当晚 7 点左右，不知哪里燃起来的火瞬间将一个挨一个的板房全部点燃，5 个小时里烧毁了 1050 座板房，只剩下一些看上去马上就要倒塌的水泥墙，巴塞克在瞬间变成了一片废墟。

数万名灾民失去了他们的家园，原本就非常贫穷的他们，大部分都是只身逃了出来，连件衣服都没拿出来。因为烹饪工具不足，连煮包方便面都要排队，灾民们只能在附近的篮球场上搭建的简易帐篷里或者在停泊在附近的船上过夜。

巴塞克旁边有以风景美丽而闻名的马尼拉港口。在这里，飘扬着世界各国国旗的货船和工人繁忙地搬运着发往世界各国的集装箱的景象展现着菲律宾的经济实力。充满活力的港口风景和一片废墟的巴塞克形成了鲜明的对比，菲律宾政府正在苦恼着如何将这些看上去不雅观的灾民迁移到离港口远一点的区域。

用木板东一块西一块拼凑而成的板房被烧毁后形成了一大片空地。由于没有特别的自来水设施和洗手间，灾民们吃喝拉撒睡只能全部在这里解决，所以这里的卫生问题和水污染问题也非常严重。

这里俨然成了一个混合着大海的腥味、火灾后的烧焦味以及垃圾腐烂气味的一次性塑料袋的王国。塑料袋多得的根本看不见原来的地面。几个又瘦又高、光着膀子玩球的小伙子潇洒地将顺着河流流过来的垃圾和塑料袋一脚踢飞到空中。

塑料袋于 1957 年在美国诞生，以原油、天然气和其他石油化学产品为原料制成。刚开始只是应用于商店里食品包装。到了 20 世纪 60 年代末，塑料垃圾袋开始登场。70 年代中期，廉价的塑料袋开发成功。此后，商店里都用塑料袋代替了原来的纸袋。

这种轻薄的一次性塑料袋每年的生产量大得超乎想象。2002 年，全世界生产了约 5 兆个塑料袋，其中 80% 供北美和西欧使用。美国每年大约有 1,000 亿个废弃塑料袋。

韩国每年有150亿个废弃塑料袋。如果一个塑料袋按50韩元（相当于人民币0.28元）来计算，相当于每年浪费了7,500亿韩元（相当于人民币42亿元）。

洪水和疾病的根源

废弃的塑料袋会被运到焚化场焚化或是运到垃圾填埋场直接填埋。塑料袋在焚烧时会产生一种叫做“二噁英”的剧毒性气体，而如果将其埋在地下则500年都不会腐烂。更严重的问题是，许多塑料袋被风吹到山野里。也许在不久的将来，我们的子孙将会发现一座座塑料袋山。

加纳的农民和环保运动家因为挂在墙上、树上以及鸟类脖子上的塑料袋而倍感头疼；中国北京开展了“将塑料袋系成扣使其不会被风吹走”的活动；印度将每年的5月1日定为“无塑料日”；孟加拉国发现，堵住了灌溉设施和下水口的塑料袋是引发洪水和水因性疾病的一个重要原因，因此下令禁止使用塑料袋；南非共和国命令生产商提高塑料袋的耐久性，并抬高了塑料袋的价格，促使人们不能轻易丢弃塑料袋；爱尔兰对塑料袋征收税金；意大利政府从2011年开始下令，禁止生产无法分解的塑料袋。

塑料袋的原料——石油是很久以前在地质时代生活的动

物和植物被埋在地下分解以后,经过数亿年以上的高热和高压,改变了其原来的性质而形成的。石油埋在地下的时间比人类历史还长，如今被装在船上从中东运到其他国家，然后经过许多工序，提取出各种物质，再经过非常复杂的过程才生产出了塑料袋，可我们使用它的时间到底有多长呢?

从市场装了东西后回到家的时间有 1 小时吗? 这样被短暂使用的塑料袋马上就会被扔进垃圾桶，被再次利用的次数微乎其微。就好像对自己短暂的生命不满和报复一样，变成垃圾的塑料袋存活的时间却比人类的生命还长，并且还制造出各种污染。因为我们错误的习惯，被塑料袋包围的地球，正在慢慢地进入病态。了解了这些，你还会继续使用塑料袋吗?

小贴士 挽救地球的布袋

喜欢登山的人，在准备登山装备的时候，可以将衣物、零食和雨衣等装在布袋里。根据需要，布袋可以有多种用途，而且不是一次性的，既节省能源，又保护环境。去市场买东西时用布袋也是个不错的选择。布袋非常结实，而且脏了还可以洗一下继续用。在郊游、旅行或出差时我们可以将行李分门别类地整理好，放在布袋里，取用时也很方便。

虽然可以从商店里买，但还是自己做一个充满个性的布袋吧！我们可以利用旧衣服或者废弃的布，剪成大小合适的长方形布袋，两边用绳子做个提手，这样就变成了不错的菜篮子。如果用网眼纱布做的话，还可以很容易地区分出里面装的东西。

在我们回家的路上顺便去市场时，会因为没有提前准备菜篮子而只能使用塑料袋。所以将布袋放在外出时容易看到的地方，或者在包里常常装着布袋那就会很方便了。不只是去市场时，突然增加的东西或包里装不进去的体积比较大的东西，都可以用布袋来装。

- 利用布头儿或旧衣服做一个世界上独一无二的菜篮子。
- 将菜篮子放在外出时容易看到的地方。
- 家里的塑料袋多用几次，或者攒在一起还给商店。
- 买豆腐等食材或小菜时带上保鲜盒。

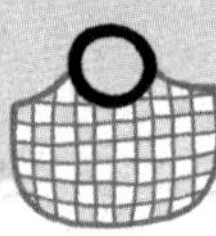

思考题

1. 发明塑料袋之前，人们是用什么装东西的？调查一下从前装东西的工具。

2. 在市场或大型促销卖场购物回来后数一数用了几个塑料袋，观察一下自己家里都是怎么使用这些塑料袋的。

3. 印度在一年中定了一天为“无塑料日”，孟加拉国禁止使用塑料袋。调查一下，韩国为了减少塑料袋的使用，都做了哪些努力。

4. 韩国国内正在举行“减少使用一次性用品”的听证会，参加者的立场分为提倡自我节制和进行强制性的税收或罚款两种，你支持哪一方？原因是什么？

一张纸的真实游戏

纸，珍贵的存在

我的记忆中始终有一段学生时代的回忆：在每个学期发新课本时家里就会变成纸的海洋。为了给新课本包书皮，我会将柜子里过去的挂历全都拿出来铺在地板上。因为不只是我的书需要包，兄弟姐妹们每个人的书都要包，挂历总是不够的，所以饼干包装纸、没用完的壁纸等几乎家里所有的硬纸都派上了用场。

班里五六十名同学都用一样的课本，所以有必要对我的课本进行区别标示；而且为了防止书包里饭盒内的菜汤流出来弄脏课本,包书皮也很有必要。用哥哥或姐姐用过的课本的同学，为了使这些旧书看上去和新的一样也会包上新书皮。

当时，参考书和习题集这样的辅助教材还不多见，所以课本就成了最珍贵的书，每次拿到新教科书时我都非常开心，特别是语文书，因为里面有有趣的小说，所以在新学期开始之前我就已经读过好几遍了。

铺好纸，按课本的大小裁剪好，然后整齐地折上轮廓线，将白色的挂历背面朝外套在教科书上，父亲再用提前磨好的墨写上科目、年级、班级和姓名。每当老师在课上看到我书皮上的字，问“谁写的啊？字写得真漂亮”时，我都会非常自豪地回答“是我父亲写的”。

我家门前有几棵楮树。晚秋时节，在割完稻子、人们比较悠闲时，大人们就开始砍楮树。然后将掉光了树叶、只剩下树枝的楮树放进大锅里煮，一直煮到锅盖上布满热气后，再把煮好的楮树铺在院子里，全家人就都开始扒树皮。扒掉煮热了的树皮，柔软而光滑的楮树瓤就露出来了，将楮树放在地上，用脚踩着一拉很容易就能拉下来，这种工作即使是孩子们也可以做。

楮树瓤可以用作烧炉子的柴火，皮可以捆成捆儿重新晒干。晒干的楮树皮可以拿到镇子里的市场上换成韩纸，韩纸不仅可以用作门缝纸，在祭祀的时候也可以用。

父亲写诗时用的纸也是韩纸，因为是亲自砍楮树扒树皮换来的，所以用起来会更加珍惜，糊墙纸和挂历纸总是被我们随意地扔在柜子上面，但韩纸却都是小心地放在柜子里，需要时才取出一张。

那个年代，到处都是绿树、清水、遍野的花草，农村里的纸非常珍贵。难得来的信件、信纸和信封都会为了当便笺再用

一次而挂在大夹子上；孩子们也会将没剩几张的笔记本订在一起，用夹子夹好做练习本；而用完的纸则被用来折画片或者整齐地放在厕所石阶上，当我们蹲在厕所里，便会在一张一张撕下来再复习一遍后，当手纸用或者点炉子时使用。总之，没有一张被随便扔掉的纸。

纸诞生的过程

人类第一次有关纸的记录是在什么时候呢？在美索不达米亚地区，人们会利用像尖尖的锥子一样的东西记录下记号或文字，然后将其晾干留在黏土板上。在和纸类似的材料中，时间最早的是公元前2500年左右埃及尼罗河河边的莎草纸，因而莎草纸成了纸的语源。但因为没有发展到提取植物纤维的阶段，因此莎草纸没有成为纸并且消失在了历史中。发明纸的人是公元105年中国东汉时期在宫中负责物资供给的蔡伦。

我们平时使用的轻飘飘、白花花的纸是由植物纤维或其他纤维合成的，是植物纤维的集合体。造纸用的树有桉树、白杨树、多脉山毛榉、白桦树、杨树、松树、冷杉树、橡树、落叶松等各种各样的树木。

由于世界所有国家的用纸量都在增加，城市周围的树林逐渐消失了，这促使生产纸的跨国企业对原始森林产生了兴趣。

他们先将原始森林里的大树砍掉当作木材销售，在原地点火形成空地，然后种上生长较快的树木，继而扩大成农场。

1公顷热带原始森林里生长着500多种树，生活着数百种人类没有发现的生物。森林是原住民的安乐窝，也是减缓地球温室效应的巨大氧气罐。

跨国造纸工厂贪婪地砍伐着俄罗斯、斯堪的纳维亚半岛和加拿大的原始森林，加拿大和美国的针叶森林，巴西和智利等南美国家的桉树森林，印度尼西亚的热带雨林等可以称为“地球之肺”的原始森林。由于纸张生产，许多地区的原始森林正逐渐消失。

为了造纸，工人们需要将树木中的植物纤维抽出，做成纸浆。纸浆分为机械纸浆和化学纸浆。制作化学纸浆时需要使用硫化钠、氢氧化钠、碳酸钙等化学用品；有时还需要使用氯气、二氧化氯、过氧化氢和臭氧等化学物质进行漂白。在此过程中那些没有净化好的化学物质一旦流出，就会对土壤和河流造成严重污染。

一张纸的意义和用途

对于这些长时间经受风雨成长起来的树木，以及以这些树木为原料制成的纸来说，我们消耗得太容易了。在高楼大厦逐渐代替了森林的城市里，已经很难找出可以种树的地方和适合种子发芽的土壤了。如果无法扩大森林的种植面积，我们就应该养成节约用纸的习惯，对纸进行再利用和使用再生纸。

摆在我们面前的薄薄的一张纸里包含着整个大自然：小小的种子得到了阳光、风和水的帮助开始发芽；土壤的气息和养分给新芽加了一把力；风和阳光的抚摸给了它成长的勇气；蝴蝶和蜜蜂飞来助其开花结果，所有的努力使小小的种子终于长成了一棵树，而且这棵树里也融入了伐木工的汗水。之后再经过造纸工厂工人的辛勤劳动，白白的纸就这样呈现在了我们的面前。

古代阿兹特克人深信纸里包含着深奥的世界，他们在进行祈神的仪式时用纸记录统治者的语言和行动；中国人认为纸是驱逐邪恶的符箓，相信将纸烧成的灰抛向空中可以使人的灵魂到达极乐世界。在韩国，纸的用途很广泛：有贴在门上的窗户纸、贴在房屋地面上的炕纸、保存贵重物品的包装纸等，还有将尸体包在纸里装殡，祭祀时烧纸以求死去的人永远安息的古老习俗。

微风都会吹走的薄薄的一张纸可以写下改变世界的重要记录。纸可以记录下每一个瞬间，还能成为重大事件的证据。这样的纸被一张一张地积累了下来，不仅连接了古今历史，还延续了人类文明。面对着这种很薄却很伟大的纸张，你会怎样使用呢？

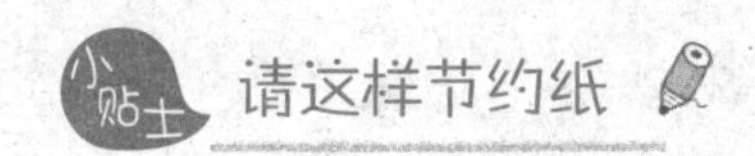

- 在点击打印和复印按钮之前，考虑3秒钟，这份是不是必要的文件？是不是需要全部打印？文件尽量利用显示器来看，几个人共享的文件，可以打印一份轮流看。
- 复印机旁放一个二手纸盒，对纸进行再利用。
- 快件信封好好保存，以备不时之需。
- 笔记本用到最后，剩下的纸张攒起来做成练习本。
- 习惯使用再生纸做成的书和笔记本等学习用品，使用再生纸可以减少生产纸张时消耗的能量和由此造成的水污染。
- 不看的报纸和杂志停止订阅，看完的杂志捐赠给公共机构或图书馆，供其他人浏览。
- 整理好废纸，以便再利用。
- 选择得到环保认证的产品。

——环境标识：生产和消费过程中引起的污染少、节约资源的产品。

——GR 标识：运用了新技术或改善了原有技术的优秀再利用产品。

——绿色出版标识：80% 以上的纸张使用了有环境标识或 GR 标识的再生纸的书。

利用再生纸做成的书

1. 记录一下今天我使用的纸的种类和数量。

2. 没有纸会怎么样？想象一下，如果没有纸，世界将会发生什么事情？

3. 使用尖端的电子产品可以减少用纸量，但会增加用电量，如果减少用纸量和减少用电量中只能选择一个的话，你会选择哪一个？原因是什么？

一万韩元 10000₩ 拯救世界

老虎和猎豹有什么区别

很久很久以前，朝鲜半岛的森林里有两种猛兽——老虎和猎豹。

“有猎豹？”

听故事的人眼睛都圆了，老虎经常出现在故事里，大家已经很熟悉了。但是猎豹不是生活在非洲草原上吗？

其实我们的祖先将老虎和猎豹统称为“虎”。因为它们外形看上去比较相像。但是，在野生生态界老虎占领了最高地位，所以猎豹的存在感就没有那么明显。

猎豹的块头只有老虎的五分之一，在分类系统里与老虎属于不同的动物。猎豹比老虎生活的区域小，而且生活的地域也不一样。此外猎豹对老虎的警惕性非常高，只要一看到老虎马上就会逃走。

人们经常会混淆这两种动物。有些地方认为森林里有吃狗的老虎，所以叫它们“狗虎子”。人们一直认为是老虎到村庄里把狗吃了，但是老虎主要吃牛和猪，而猎豹喜欢吃狗，“狗虎子”其实就是猎豹。

生活在朝鲜半岛的猎豹叫韩国猎豹，也叫阿木勒猎豹，其他地方也叫花虎。猎豹全身都带有铜钱一样的花纹，脸上有好几根白色的胡须，眼睛是土黄色的，晚上会像火花一样闪烁。而且猎豹的脚印没有脚趾甲印，像梅花图形一样。

猎豹的捕猎本领非常出众，它们白天在树上或岩石缝里睡觉，晚上隐秘地活动，寻找食物。它们会经常在路旁用尿液做上领域标志。猎豹通常是在繁殖期以外的其他时间独自生活，主要吃狍子鹿、貉、小野猪、山羊和香獐子等体积比较大的动物。

猎豹是爬树能手，它们在抓到猎物或感到危险时都会爬到树上。寻找猎物时猎豹会慢慢地移动，一旦发现猎物，便会马上扑过去。猎豹的力气也非常大，可以将比自己体积还大的动物叼到树上。猎豹不像老虎一样喜欢吼叫，它们性格比较安静，行动非常慎重，潜伏得非常隐秘，有时猎人从身边经过也可能发现不了它们。喜欢水的老虎在天气热的时候就会把全身泡进水里，但不到万不得已的时候猎豹绝对不会去水边。

韩国猎豹的踪迹

一直到20世纪初期，朝鲜半岛上还有老虎和猎豹。因为老虎浑身是宝，利欲熏心的猎人们为得到虎骨和高价的虎皮而大肆捕杀它们；有着漂亮花纹的猎豹，其数量也逐渐减少。

朝鲜时代有专门抓老虎和猎豹的军事组织。朝鲜前期有捉虎甲士、捉虎将、捉虎人的制度，后期建立了捉虎分数制和捉虎军制度，还研究出了捕捉老虎的工具和捕获老虎的办法并向民众普及；对抓到老虎的人执行捕虎褒赏制，还有向大王进贡虎皮的虎皮进贡制度，之后还实行了害兽驱除政策，这些制度和政策促使老虎数量急剧减少。

日本占领朝鲜半岛期间共有141只老虎、1092只猎豹被捕获，从这个数量上也可以看出当时朝鲜半岛上猎豹的数量比老虎多得多。这一时期，人们开始使用枪支弹药等现代武器进行捕猎活动，还捕获了老虎和猎豹以外的其他很多野生动物。光复以后，朝鲜半岛上共捕获了15只猎豹，1970年在庆南咸安郡汝行山抓到猎豹是人们捕捉到猎豹的最后记录。

1959年在德裕山抓到的猎豹卖了80万韩元（约相当于人民币4450元），同年，在山清郡抓到的猎豹卖了12万韩元（约相当于人民币667元）。同样的猎豹，价格差异如此之大取决于当时购买人的经济能力和卖方的协商能力。当时，一袋大米的价格是2 000韩元（相当于人民币11元），80万韩元和12万韩元分别可以购买 400 袋米和 60 袋米。所以，只要是会打猎的人，都在想方设法捕捉猎豹，这就导致猎豹很快就走上了灭绝之路。

猎豹生活在亚洲和非洲的温带和亚热带地域。但只有生活在朝鲜半岛和俄罗斯沿海地区的猎豹处于灭绝的危机中。猎豹在韩国预计已经绝迹，而在朝鲜和中国、俄罗斯的相邻地带，预计也仅有 30 只左右。如果放任这种情况继续发展，那么，猎豹的灭绝也只是早晚的问题。

韩国猎豹

挽救韩国猎豹的协会

有一些人为了挽救在朝鲜半岛生活过的动物——有着梅花脚印的韩国猎豹挺身而出，他们举办了“为保护处于灭绝危机下的韩国猎豹之万元协会会议”。这个协会为了解决亚洲地区正在面临的环境问题，每月都会从会费中拿出一部分进行援助。虽然是协会，但与我们熟知的协会运营方法又有所不同。

会员的会费都是按时上缴，但没有领会费的时候，会员们只是每月不间断地交钱。当钱攒到一定数额后就会全部汇款到其他国家。收集会费汇到国外？难道是秘密输出外汇的组织？其实，会费都汇给了保护韩国猎豹的俄罗斯动物保护组织。

世界动物保护组织以俄罗斯为中心，为了保护韩国猎豹和韩国虎，他们积极开展着监视偷猎和保护它们栖息地的活动。同时也开展着向俄罗斯政府和居民宣传环保知识的活动。

然而，即使是被指定为野生动物保护地区的地方也不安全。2002 年该地区死了 5 只猎豹，2003 年查扣了 2 张猎豹皮，2007 年也死了 1 只猎豹。最近 20 年，猎豹的数量急剧减少，在俄罗斯和蒙古等国家，修路、大规模伐木等开发持续进行，导致了动物的栖息地急剧减少，动物的近亲交配增多，因而动物灭绝进程也在加快。

韩国猎豹万元协会援助的地方是在俄罗斯活动的动物保护组织底格里斯财团和菲尼克斯财团支持的世界自然保护基金俄

罗斯支部。这些团体致力于研究野生动物、筹集保护动物的基金并进行宣传，同时还管理预防偷猎队。由5名队员组成的预防偷猎队在接受专门的野生动物偷猎监视的训练后，会被派到凯德罗拜亚帕特自然保护区等地工作。

俄罗斯历史最悠久的保护区——原始森林凯德罗拜亚帕特自然保护区，是全世界只剩下30多只韩国猎豹的栖息地之一。从2004年开始，万元协会的资金就用于购买预防偷猎队在此地活动所需的枪支、对讲机和车辆等装备。

2010年“为保护处于灭绝危机的韩国猎豹之万元协会”改名为“韩国猎豹保护基金会”。这个协会不只援助俄罗斯的动物保护团体，还在韩国寻找保护韩国猎豹和韩国虎的方法，致力于筹集动物保护基金，支持从事专门研究和保护活动的研究员访问俄罗斯保护区，并计划开展举报收藏老虎和猎豹毛皮的人的活动。

用一万韩元（约人民币55元）可以干什么？可以和好朋友吃好吃的，可以买件T恤，可以给朋友买件礼物，也可以用在之前从没有关心过的非常有意义的事情上。我所捐献的一万元钱也许可以挽救正处于灭种危机的韩国猎豹，使这种勇猛的动物再次奔跑在朝鲜半岛上，传播爱与和平。如果我们将这样的公益行为慢慢积累起来，还会使这个世界变得更加美丽，更加适合居住。

想一想

1. 整理一下韩国猎豹处于灭种危机的原因。

2. 由于食物和栖息地逐渐减少，獐子和野猪等野生动物经常跑到农田和村庄里，造成破坏性结果，尤其是野猪还会攻击人类，想一想和这样的野生动物和平共存的方法。

3. 限制开发，让野生动物安逸生活的立场和为了经济利益，持续开发的立场，你选择哪一个，记录下选择该立场的原因。

第3章

关于自然的思考

如果希望世界和平，请穿上保暖衣

那年冬天真冷啊

在低矮的房屋一个挨着一个的胡同里爬坡爬得上气不接下气时，就能看到我住的地方。爬上坡路虽然辛苦，但有喜鹊、麻雀、大山雀的陪伴，心情会非常好，甚至觉得首尔的鸟鸣也格外动听。

然而有得必有失，夏天的鸟鸣让人欢喜，可冬天的寒冷也让人难以忍受。即使在窗户上加塑料布、窗缝纸，再加上棉窗帘，在屋子里还是能感觉到外面的严寒。手脚冰凉，鼻子冻得发紫，只能用被子从头到脚捂得严严实实一动不动。水龙头和下水管道一旦冻住了，就要一直持续到春天。所以没有别的办法，只能硬挺着。

鼻尖儿冰凉的早晨，锅炉为了让寒冷的屋子暖和起来，发出“唔……”的声音开始运转，我赶快从被窝里跳起来降低锅炉的温度。在必须要省吃俭用的生活中，一天往往这样开始。

之后老家的取暖设备换成了烧煤的锅炉。原来的房子拆掉后，盖起了宽敞明亮的砖房，又装了燃油锅炉。可一个冬天下来，普通的乡村家庭根本负担不起耗费的燃油钱。

长辈们坚强的生活态度让人尊敬。因为每天烧煤太辛苦换成的燃油锅炉没过一年又被长辈们换回了燃煤的锅炉。都说在人情淡薄的城市里生活起来太艰难，但对于经历过乡村生活的人来说，这简直不足挂齿。因为在气温骤降的冬天，寒气逼人的感觉更加真切。

等到清晨的露水变成霜、枫叶变红的季节，衣柜里也会随之改变。薄衣服都被放到衣柜的深处，厚衣服都被拿到了触手可及的地方。春天开始一直沉睡的保暖衣也重见光明。

每到收拾冬衣的时候，都会想起刚到首尔的第一个冬天。那年冬天那么冷，寒气从膝盖逼向后背的感觉至今记忆犹新。

“看来首尔果然是靠北啊，比我们老家冷多了。”

在故乡，大冬天我都光着脚走路，大人们总会说“这样会感冒的”，可到了首尔，我就束手无策了，只能抖得像筛糠一样。或许是因为背井离乡的缘故，心里凄凉便觉得更冷一些。

从那时开始，保暖衣就成了过冬必备的物品。大寒小寒时拿出保暖衣穿在身上，感觉就像灌满了的米缸一样踏实又暖和。

记忆中的红色保暖衣

人类开始穿内衣的历史很悠久。高句丽古墓壁画里就有穿内衣的人物；《三国史记》（注释：一部记载朝鲜半岛新罗、百济、高句丽三国历史的正史。）里记载有“内衣”和“内裳”，韩式内衣的上装“内衣”和下装“内裳”从三国时代开始就有人穿了。人们现在所穿的这样的保暖衣始于20世纪60年代。保暖衣的代名词——红色保暖衣也是这时候出现的。因为当时的保暖衣大部分是白色，所以红色保暖衣一出现便风靡整个韩国。可是，为什么偏偏是红色的备受欢迎呢？

因为以当时的染色技术来说，最容易生产的就是红色产品。那时候，保暖衣还是一种“奢侈品”，大家都希望以引人注意的颜色来炫耀。红色代表“阳”，在东方，人们认为鬼神喜欢阴暗潮湿的状态而惧怕红色。因而，人们在做豆瓣酱的时候放红辣椒、把红辣椒穿起来挂在门边、冬至喝粥的时候一定要放红枣这些都是为了辟邪。

红色是充满生命力的颜色。在缺乏阳光的冬天，穿上红色的保暖衣不仅让身体暖和，还可以让人充满朝气。正因为如此，韩国的年轻人都会在拿到第一份薪水时，给父母买保暖衣。

爱斯基摩人和中东地区的人也穿保暖衣；不能吹冷风的产妇和婴儿也穿保暖衣；对于长时间在外工作的人和登山的人，保暖衣也是必备的。

可如今，寒冷的冬天里人们也不大穿保暖衣了。地铁、电影院、银行等公共场所热得让人觉得根本没必要穿大衣。住在隔热好、暖气充足的小区里的人们，在室内干脆穿着短袖。乘车外出时，因为下车后到目的地的路程很短，刚觉得有点冷就到了，所以也没必要穿保暖衣。对于爱美的年轻女孩来说，保暖衣更是碍手碍脚。穿了保暖衣会有点笨手笨脚，洗起来也麻烦。难道这就是我们对保暖衣的态度吗？

石油和保暖衣

抵御冬季严寒的燃料首推石油。石油是暗绿色或黑褐色的黏稠液体，味道独特，比水轻。古人认为石油是“死鲸鱼的血”“硫磺浓缩的露水”，更有甚者因其难闻的气味，而认为是“恶魔的排泄物”。公元前2000年前后，苏美尔的巫师还根据石油扩散来占卜未来。《圣经》里也有关于石油的记载，据说诺亚就是用石油来为方舟防水。公元前3000年美索不达米亚地区的苏美尔人用石油提炼的沥青做雕塑，巴比伦人把沥青作为建筑的黏合剂，古埃及人在包裹木乃伊的布中也使用了石油。

地球村的人们广泛使用石油是从将其用来照明开始的。罗马人和波斯人，日本、印度，还有欧洲的很多国家都用石油照明，越来越多的人知道从石油中提炼的灯油能够带来光亮。19

世纪末，石油多被用来制作煤油灯。人类进一步发现石油的价值是进入 20 世纪后。作为燃料，石油可以用来烧锅炉，而利用石油浓缩物所生产出来的各种日用品也为我们带来了更多的便利。石油的用途十分广泛，因此被称为“黑金”。

由于石油的多种用途以及其珍贵性，它成了无数战争的导火索，也决定着战争的胜负。第一次世界大战期间，石油被用来作为车辆的燃料运送军人和战争物资，所以在战争中保证石油充足十分重要。当时，德国—奥地利和英国—法国联合军分别从罗马尼亚和中东地区的油田调拨石油。两大阵营都想占领里海沿岸的巴库油田，并用潜水艇攻击对方横渡大西洋的输油船，以破坏对方的石油来源。在第二次世界大战中，德国为了占领巴库和附近的油田而做了种种努力，但都以失败告终，最终败给了同盟国部队。

近年来，石油战争仍然持续着。1991 年的海湾战争，就是因为伊拉克以科威特擅自开采自己的石油为由攻击科威特开始的；2003 年伊拉克战争的爆发也有石油的因素。美国和英国以伊拉克拥有联合国武器核查团禁止的武器为由攻击伊拉克，但世界舆论都明白，美国的真实意图是占有伊拉克的油田。

石油之所以成为战争的导火索，是因为它的产地有限。根据英国石油公司 BP 提供的统计数据来看，2007 年世界原油埋藏量为 1 兆 2379 亿桶，以现在每年的开采速度，可以用 42 年。

其中 61% 分布在中东地区。但在占世界石油消耗量 46% 的美国、中国、俄罗斯和日本，其石油埋藏量不过 10%。石油产量少的地方却消耗着大量石油，争夺石油的激烈程度可想而知。

现在，如果没有石油，人类的生活将无法想象。没有石油，锅炉将无法运转，汽车也不能奔驰，工厂的机器也将瘫痪。然而全世界的石油和天然气资源只够维持 50 年～100 年。这样的前景让我们担忧。除此之外，太阳、风力和地热等再生能源的发展还比较慢也是一个问题。

在能源不足的时代，我们可以身体力行节约能源的对策之一就是穿保暖衣。这样就可以把室内温度降低一些，使我们的身体更自然地适应外界的温度。

保暖衣是“为我们保暖”的衣服。当气温逐渐下降寒风刮起来的时候，当听到即将降温的天气预报的时候，不要犹豫，穿上保暖衣吧！

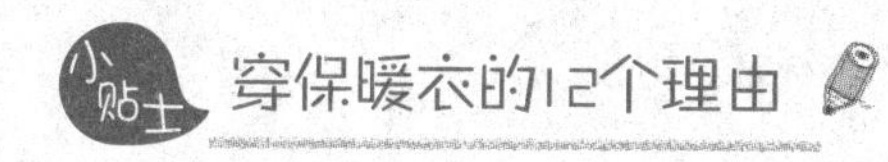

- 全身发冷的时候穿上保暖衣，比吃药还有效。
- 对于容易感冒的孩子来说，保暖衣就是预防感冒的保护伞。
- 长时间在户外工作，保暖衣是你最好的朋友。
- 对于身体虚弱的人来说，送给他们保暖衣比送保健品更合适。
- 节省烧锅炉的燃油和煤气费的捷径就是穿保暖衣。
- 在很少开窗通风的高层公寓，穿上保暖衣，打开窗通通风吧。
- 在密封不太好的房间里，穿保暖衣比糊上窗缝纸有用多了。
- 如果不愿意和蟑螂同居，穿上保暖衣，把室内温度降下来。
- 寒风凛冽的晚秋和倒春寒的初春，穿上保暖衣吧。
- 想打雪仗的时候，想吹一吹北风的时候，穿着保暖衣勇敢加入吧。
- 在石油价格飞涨的时代，穿保暖衣本身就是一种节省。
- 如果反对战争，希望世界和平，穿上保暖衣，少用石油吧。

1. 在我周围的物品中，有哪些是以石油为原材料的？

2. 查一查消耗石油最多的10个国家，韩国名列其中吗？

3. 如果石油彻底枯竭会发生什么现象？想象一下，记下来。

4. 有哪些资源和物质可以代替石油？讨论一下可以代替的原因和可能性。

一次性筷子和沙尘暴

倔强的送餐员

春日的田野里，河面上波光粼粼。我工作的绿色联盟搬到了首尔城北洞。多年来搬了几次家，现在终于有了属于自己的宽敞办公室了。办公室坐落在一个缓坡上。我们总是要气喘吁吁爬上一段路后才能到，但大家心里还是很高兴。因为不用再搬家了，我们有了属于自己的办公室。

搬到新办公室的时候，公司的同事们就来了个约法三章：一是尽量减少不必要的垃圾，而且垃圾要分类；二是资源尽量重复利用；三是觉得有可能会成为垃圾的东西干脆就不要带进办公室。遵守这个约定的一个具体措施就是拒绝使用一次性筷子。

我们经常从餐厅叫外卖到办公室来吃，搬到新办公室后，订餐也有了新的模式。

“请送两碗炸酱面，千万记住，不需要一次性筷子。”

“这是怎么回事儿？送外卖这么多年，还是第一次听说吃炸酱面不让拿筷子的。”送餐的大叔歪着头，按照原来的习惯笑盈盈地把两碗炸酱面和两双一次性筷子放在了桌子上。

“谢谢您的好意，我们不需要筷子，请您拿回去吧！”我们边说边把筷子还给了送餐的大叔。

“你们这些人好奇怪啊，吃炸酱面不用筷子……”

送餐大叔睁大了眼睛惊奇地望着我们，不过，他最后还是带着一脸的疑问，拿着筷子离开了。第二次叫外卖的时候，我们也同样明确说明不需要筷子，可是稍不留神，大叔就麻利地把我们的餐盒连同筷子一起放下后就立刻消失了。但是我们并没有因此而放弃，而是把筷子收好，等大叔下次来送餐的时候再还给他。

“谢谢您，以后不用帮我们拿筷子了，我们有结实的铁筷子。”

这样折腾了两个来月，大叔终于习惯只送餐不送筷子了。

终于成功了，原来不用一次性筷子也不容易啊，花费了好几个月的时间我们的计划才宣告成功。如果我们就这样逐渐杜绝使用一次性的东西，那么订餐的餐厅慢慢也会有所改变。虽然我们影响的范围很有限，但是我们一直在努力。

回顾这段时间经历的林林总总，我们笑了笑，继续互相鼓励着。或许是高兴得太早了，点了一次久违的糖水肉，木筷子却再次登场。问了才知道，这次送餐的是新来的小伙子。我们面面相觑，相视无语。

难道餐厅没有对新职员交代顾客的特殊要求吗？如果是这样，我们亲自来传达。我们耐心地向送餐的小伙子说明了使用一次性筷子的种种坏处，然后把筷子还给他。但是小伙子好像没那么容易明白，说了半天后，他向我们保证下次不会拿有其他餐厅名字的木筷子了。原来这次他拿的筷子里，混有好几双其他餐厅的筷子。

送餐的小伙子说得振振有词，于是我们改变策略，告诉他送餐的时候尽量不要用一次性的东西。同事们也说好万一收到了一次性筷子，就收好后送到需要的地方。

办公室大扫除的时候，我们从抽屉、箱子等各个角落处找出了不少木筷子，于是把它们都整理好装到纸箱里，送到了附近的炒年糕店,正在拌辣椒酱的奶奶接过了纸箱。一次性筷子，既然你已经来到了这个世界，那么就在需要你的地方发挥作用后消失吧！我们都深刻感到：原来改变使用木筷子的大众意识竟然这么难!

春天的不速之客

如果你仔细观察过别人用又细又长的筷子一口气挑起面条的话，你就会发现这是多么神奇的一件事情。当我们用筷子的时候，我们手部的 30 个关节和 50 块肌肉会同时运动，这比用刀叉给大脑的刺激多得多。通过用筷子，大脑调节肌肉的能力、夹起小物体的协调能力和集中能力等都会得到提高。

使用筷子的国家和地区有中国、日本、越南、蒙古以及东南亚各国，使用人数占世界总人口的 30%。近年来，一次性筷子的使用数量日益增加，仅日本一个国家每年就需要 360 亿双。

筷子的原材料主要是白桦树、杨树和竹子。为了制造一次性筷子，每年要砍伐 2,500 万棵大树；为了生产手纸和纸张，为了获得更多耕地，为了畜牧，森林正在悄无声息地慢慢消失。而森林消失后的土地却无法复原，逐渐变成了沙丘，甚至彻底沙漠化。

强沙尘暴主要源于蒙古国，其主要沙源地位于蒙古国境内。大风刮起时，沙子经过大陆，越过黄海，飞进韩国，形成了让韩国漫天昏黄的沙尘暴。沙尘暴严重时，甚至还会飞过日本，飞越太平洋，到达美国西部。

“今年的第一场沙尘暴即将到来。”

不受欢迎的沙尘暴比春天的花朵“盛开”得更早。正午的太阳仍然昏黄，花骨朵在与灰尘的搏斗中耷拉着败下阵来的脑袋，失去了本来的颜色和芬芳；白色的床单和停车场的汽车一片斑驳陆离；房间里要打开空气净化器才能让呼吸变得顺畅；外出要戴上口罩才能防止沙尘暴的侵扰；回到室内要用眼药水，护肤霜和眼镜更是必备品；哮喘病患者和气管不好的人干脆不出门；有皮肤病的人被瘙痒折磨得彻夜难眠；中小学时刻面临着停课的威胁；各种尖端设备和通讯设施必须用保护膜保护起来。

沙尘暴是指微小的沙尘随着大风升高，扩散在大气中覆盖天空后逐渐下落的现象。第一次记载沙尘暴的是《三国史记》。其中记载了公元 174 年新罗阿斯达王时期，曾有过的“雨土”事件。此外还有关于和雨混在一起下的沙尘 —— 黄雨，和雪混在一起下的沙尘 —— 赤雪，和雾混在一起的沙尘 —— 黄雾的记载。

1915 年“沙尘暴”一词第一次在天气预报中使用，当时这可是值得记载的罕见事情。十几年前，沙尘暴还是春天的稀客，只是偶尔出现，且危害也不大。没想到近年来，沙尘暴已经成为春天的又一道独特的“风景”。

引起沙尘暴的一次性用品

沙尘暴的发源地是蒙古宽阔的干旱地区和周围的半干旱地区,影响韩国的沙尘暴主要也发源于此。其实在这些地方发源时并未形成沙尘暴，而是可怕的沙暴。当大风刮起沙子和灰尘形成沙尘暴时，人们有时会连距离 30 多厘米远的地方都看不清。

“第五次地球市民社会论坛”认为，干旱、强风、沙子和多变的降雨等自然因素以及耕作畜牧、砍伐采摘植物、滥用水资源和人口过剩等人为因素是造成沙尘暴的两大主要原因。此外，欧亚大陆的中心区域远离大海，干燥少雨，冬天冰冻的土壤融化后就会产生很多沙子。当遇到暴风和强风时，这些沙子就会随风盘旋在空中，飞到远处。

过去 10 年间，在每年的 3 月～5 月，韩国会出现 10 次～20 次沙尘暴。大陆的沙尘暴夹杂着工厂排出的二氧化硫、镉、铅、铝、铜和二氧化苯等污染物飘浮在空中，使得环境污染更加严重。

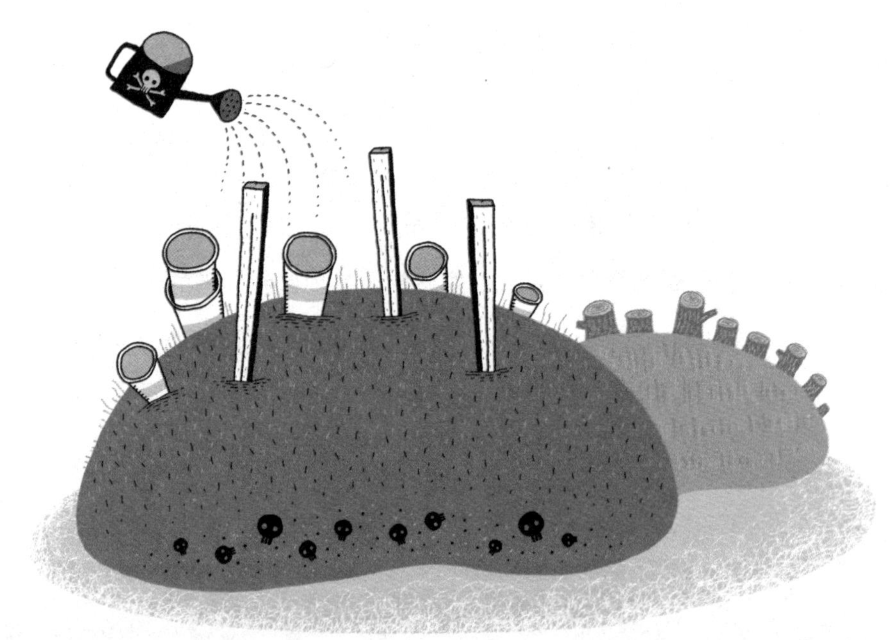

从撕开一次性筷子的包装到吃完一顿饭，只需要一个小时左右，但这些一次性筷子彻底腐烂却需要 20 年。用了一次就扔掉固然可惜，但把长得好好的杨树和白桦树砍掉变成筷子则更让人痛惜。历经几十年风霜才形成的森林，却为了制作一次性筷子而毁于一旦。

对于我们的生活来说，大自然是我们生命的源泉，有很多需要好好保护的珍贵资源。如果为了制作这种一次性的物品而导致森林消失，我们可就真的难辞其咎了。闭目凝思一下，哪些生命仅仅是为了制作一次性用品而存在的呢？地球上哪个生活不值得好好珍惜呢？

- 叫外卖时、购买包装好的食品时，拒绝使用一次性筷子。
- 举办庆典或聚会的时候，准备结实并可以循环使用的铁筷子。
- 春游或者旅行的时候，随身带上筷子。
- 在办公室吃点心的时候，用自己的筷子。
- 买木筷子、扔掉木筷子都需要花钱，用铁筷子省钱又环保。
- 如果还是有很多木筷子，收集在一起送到需要的地方。
- 买东西的时候尽量拒绝使用一次性用品。
- 支持阻止蒙古沙漠化的团体。

思考题

1. 过去韩国曾经有过沙尘暴现象，但不像现在这样严重。试着找一找近年来沙尘暴现象越来越严重的原因。

2. 世界上森林越来越少，这会产生哪些问题?

3. 像蒙古的沙漠化现象一样，寻找其他影响较大的环境问题的例子。

4. 韩国正在通过援助资金、派遣专家等方式为蒙古阻止沙漠化提供帮助。但有些人认为不应该帮助蒙古防止沙漠化，而应该针对蒙古的沙尘暴带给韩国的损失要求补偿。你同意哪种意见？把你的想法记录下来。

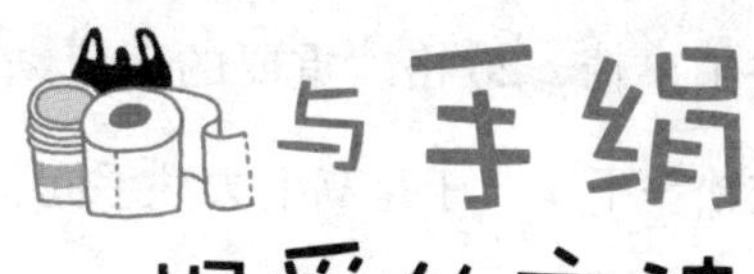

与手绢相爱的方法

我一天用掉的纸

伴随着闹钟声，我揉着眼睛起床，肚子已经咕咕叫了。肠胃里消化了一夜的废弃物在抗议，于是我赶紧跑进洗手间撕下卫生纸解决问题。听说有人会随手卷起几圈，但我每次都精确地撕掉 9 格，看来我还真是一个精打细算的人。

昨天晚上吃得太多了，肚子不舒服，所以早餐随便吃了点，撕了两格纸擦嘴。啊，不好！水洒了，怎么大清早就这么笨手笨脚？于是再撕了一团卫生纸擦桌子，又是 10 格。

刷牙后，又用了 3 格纸擦鼻涕。洗完脸我站在镜子前，发现脸上还有水珠，又撕两格擦干净。咦？镜子有点脏了，再用两格卫生纸擦。用爽肤水的时候，不小心掉在地上几滴，又用两格卫生纸摆平。

在忙忙碌碌的办公室里，电话铃声响起，约好的客人到了。可会议桌上有点乱，是谁用了会议室没收拾？于是我用卫生纸擦了桌椅，20格。重要的会议结束了，客人走了，终于可以放松一下了，于是马上去洗手间，又用掉了6格。

午餐时间到了，和同事们一起去熙熙攘攘的餐厅吃饭。服务员一边点菜，一边递过来一次性餐巾纸。可当我们吃得满头大汗，正要擦嘴的时候才发现餐巾纸已经抽完了。

于是喊到："服务员，麻烦你拿一点餐巾纸。"

服务员干脆拿来了一整卷纸。擦嘴、擦汗，连不小心洒到衣服上的菜汤也擦干净了。因为不是自家的东西,用着不心疼，所以我比平时用得更多，用了20格。起身离开时才发现餐桌上满是剩下的饭菜和用过的餐巾纸。

下午比平时多去了两次洗手间，多用了12格手纸。

回到家该吃晚饭了。今天吃什么呢？打开冰箱，有些剩下的菜，就用这些剩菜炒饭吧。平底锅呢？哦，昨天炒菜后忘记刷了，先用餐巾纸吸吸油吧，于是又用了10格。

切南瓜的时候，不小心手上划了一道口子，鲜红的血一滴滴流出来。我赶快用卫生纸按住伤口止血，涂了消毒药水，贴上了创可贴，又用了10格。

丰盛的晚餐后该洗碗了，碗好多呀。因为吃得比较油腻，餐具都油油的，用餐巾纸先擦了平底锅，又擦了案板和菜刀，40格。

洗完碗，我觉得有点恶心，可能是吃得太多了。最近怎么了？肠胃总是不舒服，马上到洗手间解决问题，用了 9 格。

哎呀，家里的卫生纸用光了，散散步顺便去超市买。在去超市的路上我仔细算了算，今天一天一共用了 157 格。1 格 11.5 厘米，11.5 厘米 ×157 格 =1805.5 厘米，过日子精打细算的我一天竟然用了 18 米长的纸，天啊！

手纸的诞生过程

人类历史中最早使用纸的是中国人，因为纸是中国人发明的。纸的发明者是公元 105 年东汉时期的蔡伦。他发明了用树皮、竹子、旧渔网等材料造纸的方法。这种技术在 1000 年以后从中国传到了欧洲。

美国人约瑟夫·盖耶蒂是第一个制造出卫生纸的人。1857 年，盖耶蒂将其捆在一起销售。但当时的人们在解手时多用废弃的报纸、传单、杂志等，并没有意识到使用卫生纸的必要性，因此，消费者反应平平，盖耶蒂也就停止了卫生纸的生产。

20 年后，斯科特兄弟重新开始生产卫生纸，并大肆宣传其重要性。他们宣传说，卫生纸是一次性商品，而且是生活中的必需品。当时，正值抽水马桶普及的好时机，卫生纸的销量就像长了翅膀一样大幅增长。

生产手纸的原材料是来自树木的纸浆。造纸工人们把纸浆溶于水，等其变得柔软之后，去除里面的杂质，再把干净的纸浆用水稀释，铺在巨大的板子上除去水分。等到完全烘干后，留在板子上的就是手纸。

但手纸并不纯粹是用纸浆制成。美容纸巾、餐巾纸、厨房用纸需要有很强的吸水性，为了防止断裂，需要添加强韧剂。洗手间用的手纸也要添加柔软剂,才不会造成马桶堵塞。此外，手纸大部分以印刷过的纸张为原料,而印刷油墨里含有重金属，因此，残留在这种纸张上的印刷油墨要彻底除掉。

生产手纸的时候，即使去除了印刷油墨，再生的纸浆中仍然含有微量的重金属。而且再生纸浆比天然纸浆颜色更深、更

浑浊，必须用荧光物质漂白。所以，雪白的手纸是用化学物质加工过的，因而对人体有害。由此可见，手纸和人体健康关系密切。

抹布和手帕的用途

我房间里有很多手帕：有的是觉得漂亮买的，有的是收到的礼物，有的是旅游的纪念品……并非故意培养，但不知不觉收集手帕成了我的爱好。每次我看到这些漂亮的或是有意义的手帕时，心里总会感到很满足。我常常开玩笑说，此生最大的愿望就是在有生之年办一个手帕展览……

五颜六色的手帕用途很广，可以在饭后擦嘴、擦汗、擦鼻涕，受伤时还可以用来包扎应急。包盒饭、扎头发、在公园里垫着坐在草地上都可以。

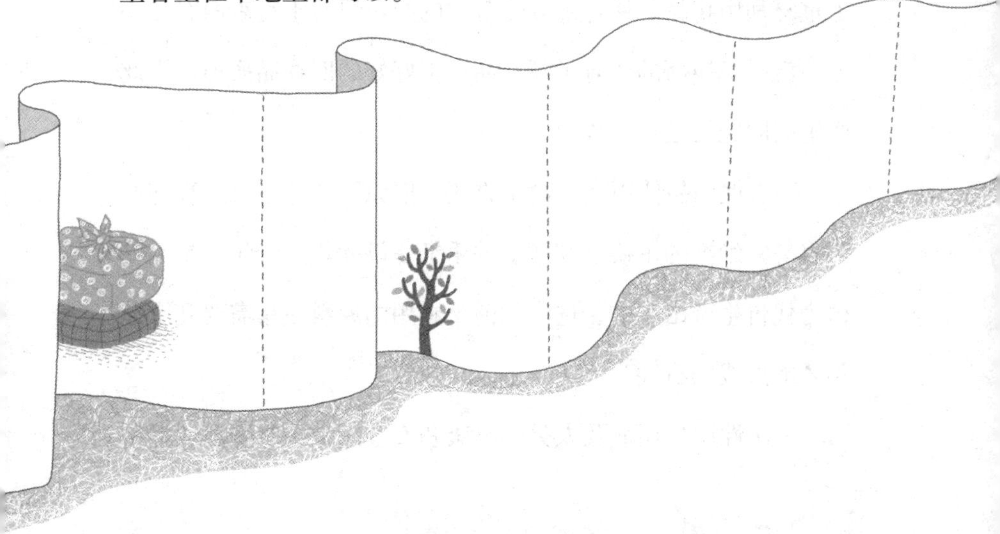

我们家还有很多抹布。房间门口有一块，厨房灶台下有一块，灶台上有一块，洗手间入口有一块……总之有很多。干抹布可以用来擦脚、擦地板、擦角落里的灰尘。冬天，把抹布浸湿了放在暖气上还可以调节房间的湿度。

多用手帕和抹布的一大好处就是用手纸的次数明显少了。水洒了用手帕，擦鼻涕用手帕，擦嘴也用手帕，原本装满垃圾筐里的手纸明显少了许多。手帕和抹布可以多次使用，但有人会说，这样不是节省了手纸，浪费了水吗?

我是这样想的：和用一次就扔掉相比，多次反复使用绝对是一种节约。用过的水可以蒸发，变成雨水再循环，但树木要长几十年才能变成参天大树。

手纸改变了我们的生活习惯。经常使用手纸，使我们养成了轻易丢弃、追求方便的不良习惯。一次性用品也让我们丢掉了重复利用物品、精打细算爱节约的好习惯。于是东西有点小毛病就干脆换新的，有了新产品就把好好的旧物品换掉。由此产生的问题便是垃圾成山。

一次性用品使用起来简单方便，但原材料的形成过程却并不容易。细细的木筷子和薄薄的手纸是以砍伐几十年的参天大树为代价生产出来的；透明的薄塑料用的原料更是需要几十亿年才能形成的石油。

一次性用品还危及人类的健康和安全。塑料和聚苯乙烯制成的产品中含有危及健康的物质，而一次性用品也都经过了化学处理。我们为了生活上的方便，结果却牺牲了自己的健康。

用抹布和手帕不仅节约能源，而且有益健康，可谓一举两得。当初是手纸悄悄取代了抹布和手帕。现在，让我们一起来恢复抹布和手帕的地位吧。

一次性用品，换一换

- 木筷子、塑料勺 → 用结实的铁筷子、铁勺。
- 保鲜膜、铝箔 → 装在有盖子的保鲜盒里。
- 湿纸巾 → 用水洗或把手帕浸湿了用。
- 塑料袋 → 用布袋和竹筐，把塑料袋还给超市。
- 一次性手套 → 拌凉菜的时候直接用手，凉菜里会有爱的味道。
- 银箔盘子、塑料碗 → 用磁盘子和不锈钢碗。
- 旅行牙刷 → 旅行随身带自己的牙刷。
- 尿不湿 → 用不会起湿疹而且可以用很久的棉质尿布。
- 一次性卫生巾 → 用有益健康的纯棉卫生巾。
- 纸杯 → 用玻璃或陶瓷杯子，出门带水壶或自己的杯子。
- 厨房用纸 → 用水果皮或菜叶擦掉油渍，用淘米水洗碗。
- 包装纸 → 多用纸质包装纸，也可以用布包或装在袋子里。
- 牙签 → 用水漱口或饭后刷牙。
- 餐巾纸 → 多用手帕和抹布，少用餐巾纸。

思考题

1. 找一找家里常用的一次性用品。这些一次性用品的原材料是什么？分解需要多长时间？

2. 想去郊游，不带一次性用品。食物应该装在什么样的容器里，应该带什么？

3. 瓷器做的碗、碟子、杯子等体积太大，也很重，刷洗也需要很长时间；一次性用品虽然方便，但对环境有害，还产生很多垃圾。在庆典上瓷器和一次性用品当中，我们应该选择哪个？试着把你的想法记录下来。

打开开关，会发生什么事情呢？

我们身边的电器

“那盏灯是哪个开关来着？”

上次明明记得很清楚，今天又忘了。客厅、卧室、厨房、门厅、走廊、阳台，我看着6个开关，不知所措。

“都开一遍不就知道了？”

于是我便把所有开关都开了一遍。

“原来最下面的是客厅的开关啊，这次一定要牢牢记住！”

可是过几天，我看着一堆开关又发愁了。

“哪个是客厅的开关来着？”

刚刚乔迁新居的人常常会遇到和我一样的情况。不是因为记性差，而是因为注意力不集中，没有充分重视电的重要性。

灯泡的亮度各有不同，每个灯大概20瓦～40瓦。如果两个荧光灯并排开着的话，瓦数会更大。可问题是，“不知道哪个开关”这样的事情一直要持续到家里人都熟悉为止。

绿色联盟有近40名工作人员，但来访的人远远超过工作人员。有一周连来几天的资源专家和会员，有来开会的各团体的活动家，有来学习的留学生，还有来采访的记者，一天少则几人，多则几十人。这么多人进进出出，混淆开关的事情便成了家常便饭。于是，我们想出了在每个开关下面贴上标签的办法。

“市民参与局32瓦 ×2”。

每个房间的开关都贴上了这样的标签。意思是这是市民参与局办公室的电灯开关，两盏灯各32瓦。同时也是告诉大家，只开有必要开的灯，打开开关之前务必先确认一下。

如今物价飞涨，电费也不是个小数目。因此，从这个月开始，试着省省电吧。如果大家都以这样的心态来审视家里的各个角落，你会意外地发现其实有很多地方都在浪费电。比如待命电力，也就是家用电器处于准备状态时消耗的电。说得更通俗一点，即便我们不使用电器，只要是插头插到电源上就同样是在消耗电。

现在，家里的电器越来越多了。听说10年前新婚夫妇只需置办7种家用电器：冰箱、电视、电脑、洗衣机、吸尘器、微波炉和电饭煲。那么10年后的今天，这对夫妻家里有多少家用电器呢？家庭影院、录像机、泡菜冰箱、跑步机、电水壶、酸奶机、足浴机、煎药机、电热毯、按摩机、美容机，还有各种健康器械，屈指数来自己都吓一跳。这10年，买了太多电器。

既然如此，电费当然也就不是个小数目了。如今韩国的电费采用的是递增税的收取办法，递增税是一种超过标准的额数越高，税金越多的税收制度。也就是说，用电越多，电就越贵。

电是怎样产生的？

发电可以分为水力发电、火力发电、核电、再生能源发电等方式。各地发电站所生产出的电力依靠变电所、电塔和电线等媒介的帮助传送到千家万户。

水力发电是在河流中央筑起大坝，将河流拦截，依靠水的落差发电的一种发电方式。大坝除了可以用来发电，蓄起来的水还可以用作农业用水和工业用水，而且还具有调节干旱和洪水等灾害的作用。可是大坝蓄起来的水也会淹没森林和峡谷，使野生动物失去家园，使很多本来生活在那里的人被迫背井离乡。

鲑鱼有回游本能，但因筑起的大坝，它们再也不能逆流而上；从上游流下来的垃圾也都堆积在大坝上；而大量的水一下子被积蓄起来，会导致雾气大增，影响农作物的生长，也会引发人类的呼吸系统疾病。

核电呢？核电是通过铀裂变时产生的高热量将水烧开，产生蒸汽推动发电机发电的方式。其缺点在于，发电过程中会产生毒性极强的放射线，这种放射线所释放出的能量被称为放射能。

放射能的毒性能够持续很长时间，短则几十年，长则数百年。如果人被放射能辐射到就会感到恶心、呕吐，其毒性还可能在人体内潜伏几天或几十年后引发白血病、白内障、肺癌、甲状腺癌等严重的疾病，也可能引发流产、胎儿畸形等问题，严重影响到后代。1979 年美国宾夕法尼亚州三里岛核电站的核泄漏事故和 1986 年苏联切尔诺贝利核电站爆炸事故，让我们充分认识到了核能是多么可怕。当时受害的人们至今仍沉浸在痛苦中。

2011 年 3 月 11 日，日本发生大地震。太平洋 9 级地震后，日本东北部海岸海啸来袭。建筑物倒塌，车辆被冲走，农田被淹没。被海水夷为一片废墟的地区还没有恢复，核发电站又出现了问题。地震海啸发生的第二天，坐落在海边的福岛核电站发生了爆炸事故。日本是地震多发的国家，因此日本人把核电站建设得十分坚固并且非常自信地认为其设计非常完美。但地震的强度却超乎了人们的想象，核电站停止了供电，控制核电站运行的设施也被迫停止。核电站内部因无法供应降低核电站炉内温度的冷却水,最终导致了 1 号炉到 4 号炉接连发生爆炸。

放射能扩散到空中，福岛及附近的居民开始撤离到距离核电站较远的地方。为防止暴露在放射能中，人们戴上了口罩和帽子。韩国考虑到放射能可能会随风飘到本土，因此开始监测各地的放射能数值，并对从日本来韩国的人和农产品进行放射能检查。全世界的人都开始担心自己居住地附近的核电站是否安全,并开展了反核运动。核能原本被认为是安全清洁的能源，而福岛核电站事故却向我们展示了核能可怕的一面。

核能发电还有一个问题，就是发电后如何处理核废弃物。随着耗电量的增加，发电量也在增加，核废弃物也相应随之增加。对核废弃物要利用特殊设备进行处理，这样毒性才不会泄露。但迄今为止，采用核能发电的所有国家还没有找到一种理想的处理核废弃物的方法。截至 2011 年，韩国共有 21 台核电机组，发电量占全国总发电量的 34%。

火力发电是靠燃烧煤炭、石油、天然气来发电。但全世界的石油和天然气储量仅能使用 40 年～60 年，核能发电的原料铀的储量也只够使用 60 年。阳光、风力、地热、海浪等再生资源的开发虽然正在进行，但尚未取得突破性成果。显然留给我们的时间已经不多了。

我们应该怎么用电?

为了将发电站生产的电力输送到城市，就必须有连接电线

的电塔。而为了建立和管理这些建在山上的 100 米高的大型铁塔，首先需要修建公路。可要在山腰上修路，就不得不砍伐一些森林，由此引发的地面塌陷和雨季泥石流导致的坍塌事故便接踵而来。有些地方甚至还发生了泥石流侵入修建电塔的下游村庄和山体滑坡后岩石滚到村民庭院中的事情。

夜晚的城市街头霓虹闪烁，大型的广告牌不断变换着内容吸引人们的眼球。用电高峰时段的耗电量也在不断刷新着纪录。

我们虽然享受着电力带来的方便，可发电站却给附近居民造成了极大不便，长此以往，我们的子孙后代更是要生活在核废弃物造成的污染中。我们短暂使用过后抛弃的垃圾对后代造成的影响值得我们反思。祖先留给了我们许多灿烂的文化遗产，如果我们能留给后代的仅仅是那些有害的核废弃物，那么我们得到的只能是来自后代的抱怨。这不仅是环境问题，也是伦理问题。

或许现在，没人的房间里还开着灯、开着电视，没有使用的电器的插头还连着电源，举手之劳就可以办到的事情我们却任其发展无动于衷。让我们停止使用所有的电器吧，哪怕是一小会儿，好好思考一下电力问题。

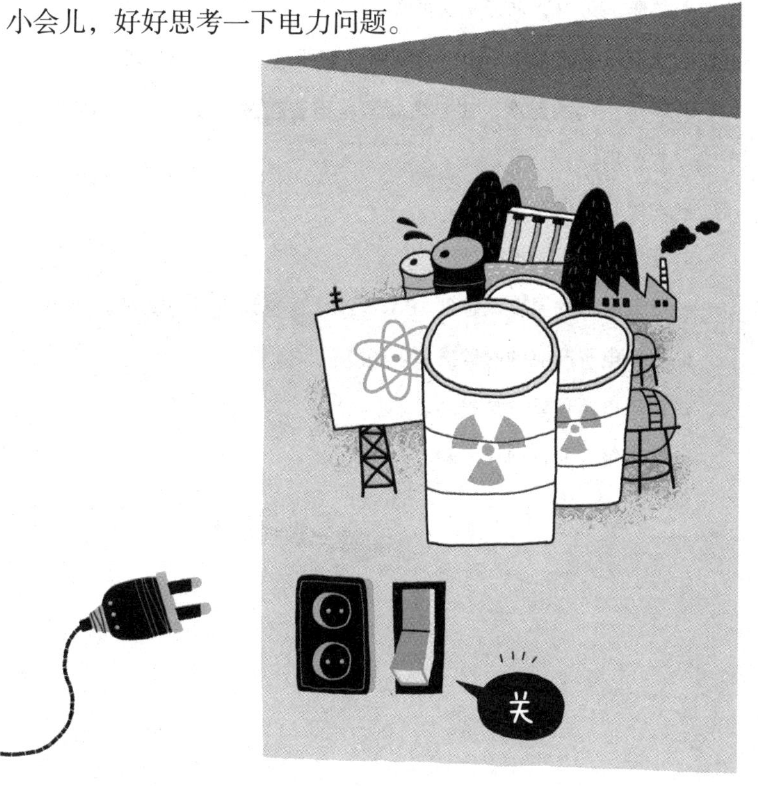

小贴士 省电的16种方法

- 天还亮的时候，把靠窗的灯关掉。
- 不要用很多个瓦数小的灯，用一个瓦数大的灯。
- 走廊和门厅装声控开关。
- 使用比同样瓦数的普通灯亮 3 倍的节能灯。
- 给电灯加上反射光的灯罩，房间里会更亮堂。
- 把对着窗口的墙面刷成亮色，整个房间都会更明亮。
- 挑选家用电器的时候，选择能耗效率为一级的产品。
- 高压锅可以让米饭熟的更快。
- 电视遥控器每按一下就会消耗 3 瓦的电，所以尽量少换台。
- 调整空调的温度，让室内外温差不要超过 5℃，并配合电风扇一起使用。
- 给电脑装上省电插头。
- 冬天的白天关掉锅炉。
- 冬天暖气的温度调整到 18℃～20℃，夏天空调调整到 25℃。
- 不用电子产品的时候拔掉电源。
- 不用电热毯等电热产品。
- 拿到每月的电费单时和上月比较。

思考题

1. 数一数家里有多少东西是用电的？其中一周用不到一次的有哪些？

2. 找一找省电的方法，其中已经在实践的有哪些？

3. 核能发电是韩国第二大电力来源，如果没有其他对策，随着天然气、石油资源的枯竭，核发电量还会增加。你怎么看待核能发电？请记录下来。

飞来横财

最近要搬家，收拾东西时才发现自己的东西真是不少。几年前，手提两个小旅行包来到首尔，现在却把一个中型货车塞得满满当当。其中还不包括送到回收再生资源地方的用不到的东西，加上分给朋友们的东西和扔掉的东西，数量多的真是自己都吓一跳。

搬到不同的地方，就需要根据房间的大小和结构购置新的东西，原来的东西就会闲置。怎么处理呢？这时候，需要的东西总是会神奇地出现在眼前，而闲置的东西也会有新的主人。

从商场挑选新的东西固然有意思，可发现别人不用的东西自己正好需要也是一大乐趣。虽然是二手货，但当大小和款式正合适时，这种喜悦之情是难以言表的。如果可以把这些东西重新刷漆，或用于其他用途，我就会像发现宝贝一样开心。

和朋友们分享二手货的事情也时有发生。结实的鞋柜是在一次聚会上认识的朋友送的，燃气灶是从一个朋友的地下仓库里淘出来的，因为保养得很好很干净，所以第一眼就看上了。其实二手货的使用寿命并不短，燃气灶我已经用了5年，用了10年的冰箱也是一点毛病都没有。

邻居家搬走的日子就是我发“横财”的日子，我常抱着挖山参的心情在邻居丢弃的东西中寻找：半圆形镜子、体重计、塑料筐、椅子和小收纳柜就是这样得来的。

不知从什么时候开始，路过可回收性垃圾箱的时候，我都会用心看一看，因为可能有让人眼前一亮的东西。有人用过又怎么样？擦洗干净就可以了，不要因为是别人丢弃的东西就抱有成见。或许就在几小时之前，这些东西还在某个家庭中发挥着很重要的作用呢。

虽然这些东西现在被丢弃在了街头，但当初也是用了很好的材料，经过了很长的时间才做成的。之前的主人也肯定是因为很满意而使用了很久。这些东西虽是别人用过的，但我们也要使其物尽其用，才不枉费它来到这个世界上的真正价值。

还有一点需要注意：如果太贪心，家里就会变成垃圾场。不能因为东西还能用就都搬回家里，仔细看看慎重考虑之后还是很喜欢吗？觉得真的有用吗？结实吗？真的是我需要的吗？冷静地思考这些问题之后，如果没有犹豫，那以后也不会后悔。

喜欢二手货的缘由

二手货有很多优点。首先是不必花太多钱就可以得到自己需要的东西，这是其最大的魅力所在。到手之后可以根据自己的需要挪作他用，也可以改造成自己喜欢的样子，真的非常划算。

二手货的第二个优点是无毒性。你有过被新房子、新家具的味道熏得睁不开眼睛，呼吸困难的经验吗？这是因为在装修房子或是做家具的时候，用做黏合剂的甲醛和防腐剂的硼酸的刺激性气味引起的。即使是微量的甲醛，一旦释放到空气中也会变成有毒气体，引发失眠和哮喘等病症，甚至改变人类的遗传基因。

引发新屋症候群和高楼大厦症候群的罪魁祸首——甲醛用途广泛。黏合剂、经过防虫处理的地毯、杀菌剂、抗皱的纤维处理剂、燃气灶、发胶、定性啫喱、纸壳板、防虫剂、指甲油、报纸、油漆、印刷油墨、香烟的烟雾、刨花板和壁纸等物品里都含有甲醛。

甲醛造成的污染不是生物体自身制造出来的，而是工业生产中偶然产生的。生物体一旦吸收就会受到危害。这种物质可能会强化或阻止身体中某种激素的运作，而且一旦没有完全分解，就会积聚在体内，对身体造成更大伤害。现在不孕的女性增多，癌症、生殖器官等相关疾病增加的根源正在于此。积聚在体内的有害物质会减少雄性的精子或使其逐渐变得雌性化。不仅如此，这种有害物质对幼儿的发育和成长也有影响，甚至还会造成胎儿畸形。

随着时间的流逝，对人体危害巨大的有害物质的毒性会逐渐减弱，所以有些人会专门购买陈列时间较长的产品。而且因为二手货已经没有甲醛的危害，所以可以放心使用。

二手货的第三个优点是减少垃圾的产生，增加资源重复利用的机率。本来还能用的东西，只是因为时间长了厌倦了就被丢掉的情况越来越多。人类这种多产多销、易买易丢的习惯，让地球逐渐变成了一个巨型垃圾场。可是地球上的资源是有限的，如果像现在这样浪费下去，那么资源很快就会耗尽。

近来，我们身边利用资源的渠道开始增加，可以寄卖二手货的跳蚤市场也越来越多了。“节省着用，分享着用，交换着用”开始成为新时尚。或许对我已经没用了，但可能对别人有用；别人可能觉得是废品，但对我来说几乎是量身定做的……像这样发现适合自己的物品，也是生活一大乐趣。

慢慢享受自己的生活

这是一个充满物质的世界，我们拥有很多东西，总能把一个小小的房间堆得很满。这其中，又包括很多还没有用到使用寿命就被我们抛弃的物品。

与其这样，不如一起感受一下物品竭尽其能之后所得到的成就感和踏实感吧。与其不断盯着新东西，不如享受改造已有物品的乐趣。东西越来越多固然开心，但享受一下因开源节流而节省下来的、被自然气息填满的房间，也是一件惬意的事。

地球上资源是很有限的，可是随着生活水平的提高，人们需要的东西却越来越多，使用也越来越浪费。树木生长的速度远远赶不上木材消耗的速度；石油的生成速度远远不及锅炉和汽车燃料的消耗量。人类消耗自然资源的速度已经到了无法刹车的地步。

请给树木生长的时间,给蓝天和大海自洁的时间吧！小小的种子埋到地下直到发芽需要 1 周～2 周的时间，发芽后长出叶子到开花结果需要 1 年～2 年。生命的成长都需要充分的时间。

我们随意丢弃的污染物流进大海，流到泥滩上，泥滩上的生命体就会忙忙碌碌地净化它们；森林里的树木留住污浊的空气，不断地呼吸，吐出氧气；湿地的净化植物努力保持着水的纯净。为了产生煤炭和石油,地球上的一切已经努力了几十亿年。

地球上存在的一切都是大自然经过漫长的岁月辛苦蕴育的成果，人类只是一个加工者而已。而作为加工者的人类将那些经过漫长岁月和自然界长期努力的、还很结实的物品以各种借口丢弃是不可取的。既然是自己喜欢，自己需要才买的东西，不如就多用几年吧，用到不能用了为止。这样，它们才能更好地实现自身的价值。

稍等，买东西之前先想一想

- 我真的需要这件商品吗？没有的话很不方便吗？
- 是不是看了广告以后的冲动购买？
- 是不是被赠品诱惑了？
- 能不能把家里的东西修理一下继续用？
- 比家里的东西功能强大吗？
- 价格和使用价值相当吗？
- 是不是用无毒无害的材料制成的？
- 能源消耗得多吗？
- 是不是被包装诱惑了？
- 可不可以和别人合用一个？
- 是不是在附近生产后运送到这里销售的？消耗的能源多吗？
- 容易修理吗？附近有修理的地方吗？
- 产品的生产和流通过程正规吗？

思考题

1. 看一看房间，哪些东西是必要的？或者没有就非常不方便的？

2. 假设你需要一个月搬一次家，哪些东西你会带着，哪些东西会丢掉？为什么？

3. 在地图上标出你家附近卖二手货的地方和修理铺。

4. 如果准备举办一个宣传再利用重要性的活动，哪些宣传语会吸引大家的注意力呢？

第4章

对生活的思考

纠结在餐桌上的问题

我家的餐桌风景

“准备开饭吧！”

妈妈一边揭开锅盖，一边盛着热气腾腾的米饭说。抬出上菜的小饭桌，原来不知躲在哪个角落里的四个孩子同时出现。

先把全家人可以围坐在一起吃饭的大餐桌架好，再从小饭桌上把饭菜挪到大餐桌上。老大准备大家的碗筷；老二准备大家喝的水；老三请正在喂牛的奶奶过来吃饭；老四去请忙于修理牛马棚、打扫院子的爸爸。就这样，每到吃饭的时候，我们就会按部就班地完成自己该做的事情。

忙着干活的大人用脖子上的毛巾掸掸衣服，洗了手之后来到屋子里，每个人都坐在自己固定的位子上。爸爸坐在最里面，旁边是妈妈，我的位子是背对着电视的最外侧。不知从什么时候开始这么坐的，但位子就这样固定下来了。

我的位子最差，吃晚饭的时候，通常也是电视里播放动画片、木偶剧等儿童节目的时间。吃饭时总想看看电视，可是因为自己背对着电视，所以非常不方便，通常要吃一口饭回头看一看，再夹一口菜回头看一看，这样就难免会把菜汤洒出来或者夹不到菜。如果不小心掉了饭粒在桌上的话，马上就会眼冒金星。

“啊！”

爸爸的拳头飞过来了，他的拳头总是让人痛得眼泪直流。

“我们是农民，怎么能把饭粒掉在桌上？谁教你的？”

紧接着拳头的是爸爸的一通责问，然后便会有一声“关电视”的吼声响彻耳畔，同时大人们开始絮叨不能掉饭粒的原因，以前的人生活多么艰难……反正是要啰嗦好久才算完。可是眼泪汪汪的我，饭也咽不下去，只觉得刚挨了一拳的头昏昏沉沉的。

就这样，我们四个孩子轮流被责骂，于是养成了一旦饭粒掉出来，就马上捡起来放进嘴里的习惯，剩饭更是从来没有过。把最后一粒米饭吃完后，还要把热水倒到空碗里，喝得干干净净。

如果觉得饭不够了，我们就会刮锅里的锅巴吃，那时候的锅巴真香啊！因为想吃锅巴，我总会赶快吃完碗里的饭，然后到厨房抢锅巴。吃到了美味的锅巴后，我便会摸着圆鼓鼓的肚子坐在院子里的手扶拖拉机上，看着晴朗的夜空中的繁星点点，感觉它们就像在眼前一样。

吃完了饭，就要洗碗。七口人吃一顿饭的锅碗瓢盆可不是闹着玩儿的。水池旁边总有一个水桶，淘米水、择菜时扔掉的菜叶等都扔到这个桶里。桶一满，奶奶就把桶里的东西倒进熬牛食的大锅里。

食物的残渣可以给牛吃，也可以给猪、鸡、狗吃。动物不能吃的东西会堆在大门外堆肥，来年用作肥料。乡村的生活没有一点浪费。

处理食物垃圾大作战

吃健康的食物很重要，不留下食物垃圾同样重要。减少食物垃圾的方法就像烹饪方法一样多种多样。最重要的是需要多少买多少,吃多少做多少。买菜的时候要提前考虑好做什么菜、几个人吃、几天能吃完。吃饱之后再买菜，也是减少冲动购买的好办法。

烹饪的时候，少放佐料，体会食物本身的味道，没用完的菜还可以留着做其他菜时用。红薯、萝卜、胡萝卜的表皮含有丰富的营养，洗干净之后就完全可以食用了。

蔬菜和水果的表皮就像人的皮肤一样具有吸收污染物质、净化去除毒素的功能，还含有有助于生理活动的维生素、矿物质等营养成分。把蔬菜水果的表皮吃掉，不仅可以增加营养，还可以减少食物垃圾，真的是一举两得的好事情。

当我们宴请众多宾客的时候,可以采取自助式的宴请模式。

每个人不仅可以盛自己喜欢的食物,还省去了主人摆桌的麻烦。客人想吃什么就吃什么，也减少了食物浪费。即便准备的食物剩下了，也可以留着下顿再吃。剩下的食物和食材要尽量装在透明的容器里，如果装在普通食盒内，很多人会觉得将盒子一个个地打开寻找食物很麻烦而轻易地将食物丢弃。此外，放进冷冻室的东西，也常会被人们忘记。

在外就餐时也要注意。通常大家都会把饭和汤吃完，而炒菜会被剩下。如果是在家里的话,这些炒菜可以留着下顿再吃；可如果在餐厅里，这些剩菜只能被当作垃圾扔掉。所以当我们外出就餐点菜的时候，最好告知服务员需要多少小菜。不需要的小菜可以还给餐厅，不需要的餐后点心可以不上。另外，不要把牙签、餐巾纸等放进剩菜的盘子里。这样，那些处理食物垃圾的地方会省去很多麻烦。

还有捐赠食物和食材的办法。食品银行（Food Bank）致力于帮助没有午饭吃的孩子、孤寡老人和残疾人，为他们提供免费食物，为露宿的人提供住处等。如果家附近有这样的福利机构，捐赠食物是很好的办法。

一粒粮食的意义

2010 年 8 月，俄罗斯政府规定，在一定时间内禁止粮食输出。由于一场 30 年不遇的干旱使得大麦、小麦、玉米等产量锐减，所以政府出台了这项政策。世界最大的小麦输出国俄罗斯一颁布这一政策，国际粮食市场就发生了震荡。美国的小麦价格增长了84%，玉米价格增长了24%，白糖和加工食品的价格也大幅度增长，与此同时，出现的粮食抢购现象也进一步推动粮食价格的攀升。

当遇到洪水或干旱这样的自然灾害，以及战争或地区争端等问题的时候，世界各地的粮食市场就会发生震荡，韩国也不能幸免。根据农林畜产食品部的资料，1959年韩国的粮食自给率为100%，1970年为86.1%，1980年为69.6%，1990年为70.3%，2000年为55.6%，2009年为51.4%，呈逐年下降的趋势。谷物自给率在1970年时为80.4%，1980年为56%，1990年为43.1%，2000年为29.7%，2009年为26.7%，也呈现逐渐下降的趋势，这意味着韩国人餐桌上一半的食物都依靠进口。

在国际贸易市场上，粮食是非常重要的贸易对象。韩国在输出电脑、手机等电子产品和汽车的同时，每年都要进口一定数量的农产品。就算韩国本土的粮食足够自给，也必须根据国际条约，购买一定数量的粮食。由于进口农产品的增长，国产农产品的价格有所下降，农民失去了耕种的动力。抛弃土地进入城市的人越来越多，乡村人口越来越少。

如果食物供给依靠外国，那么当遇到收成不好、气候异常或食物短缺的情况时，我们的生存权利就将握在别人手上。所以，食物自给率是一个国家的一道天然安全保障。

进口的农产品通过海运进入韩国，为了防止食物运输期间的损坏、变质，很多农产品使用了农药和防腐剂。此外，产品包装、海运、公路运输以及打包装箱等环节都会消耗很多的能源。然而，更为棘手的是：由于进口农产品数量的增多，国内农民种植农作物的动力越来越不足，以至于国内农民越来越少，耕地也变得越来越贫瘠。

农田不仅是生产农作物的地方，还在由高山、峡谷、田野、江河组成的自然生态系统中占有重要的位置。水田不仅可以防止洪水泛滥，净化水资源，还孕育着各种生命，而且水田里生长的稻子还可以释放出氧气。田地把动物的排泄物、枯草、朽木等当作营养，借此还原成肥沃柔软的土壤。这些健康的土壤中会孕育各种生命，而且健康肥沃的农田还会成为鸟类和昆虫的天堂。

为了获得一粒种子，农民要从春天到秋天不停地在农田里劳作。所以粮食是非常珍贵的，是浸透着农民们汗水的。这样种植出来的农产品，我们又是如何对待的呢？韩国一年所产生的食物垃圾的费用约有15兆韩元（注释：1韩元=0.005527元人民币。兆，中国古代计数单位，比亿大。1兆等于一万万亿。15兆韩元约相当于人民币8,291,000亿元）。也就是说，食物垃圾的费用是一年进口粮食费用的1.5倍。而且每年处理食物垃圾的费用就需要4,000亿韩元（约相当于人民币22亿元）。根据2010年环境部发布的资料显示，处理食物垃圾的资源和能源浪费造成的经济损失2012年将达到25兆韩元（约相当于人民币13,818,476亿元）。

因此，我们一定要常怀感恩之心，珍惜这种由大自然和人类辛勤耕耘获得的、散发着自然生命气息的食物，因为它们是赐予我们力量与营养，使我们能够勇敢面对未来挑战的最坚实的后盾。

这样可以减少食物垃圾，快来试一试！

- 一日三餐，朴素一些。
- 几个人一起吃饭的时候，每个人吃多少盛多少。
- 萝卜、胡萝卜、红薯等蔬菜和苹果、柿子等水果可以连皮一起吃。
- 在外就餐的时候，吃多少点多少，剩下的食物打包带回家。
- 不吃的小菜和餐后点心，不让服务员上。
- 在学校食堂，能吃多少就盛多少。
- 少吃零食，吃健康的三餐。
- 吃东西的时候不要浪费，吃干净。
- 不要挑食，保证各种营养均衡摄取。
- 不要把牙签或手纸扔到剩下的饭菜里。
- 食物垃圾可以发酵变成肥料。

1. 把昨天吃的食物和食材记下来，查一查原产地是哪里。

2. 过去，韩国的粮食能够自给自足，2009年粮食自给率却是51.4%，预测一下，粮食自给率低会造成哪些问题。

3. 由于气候异常，世界各地的粮食生产量都在大幅下滑。原来大量出口大米、小麦、土豆和玉米等粮食的美国、俄罗斯和澳大利亚都表示要中断出口。想象一下，如果这样发展下去会有什么后果。

都市的夜晚太耀眼

都市的夜空是红色的

好久不上天台了，我是多么期待白天快点过去，夜晚快点到来啊！星星像宝石一样镶嵌在漆黑的天空中，中间是一条缎带一般的长长的银河，有些人说银河像是上面撒着盐的黑色的绸缎。如果能看一看这样美丽的夜空，一整天的疲劳都会烟消云散了。

啊！可是那样的天空哪里去了？在故乡每天都能看到的铺着“黑色绸缎”的夜空和闪闪发亮的星星都到哪里去了？眼前只剩下红色的夜空……

首尔的夜晚不像乡村的夜晚一样黑，它的夜晚是红色的。数不清的照明灯、霓虹灯和路灯互相反射，被染成红色的夜空中再也找不到星星。原来，我忘了这里是城市，是韩国的首都首尔的市中心。

每当太阳下山后，都市就换上华丽的衣服以另一个面貌出现。矗立在城市中央的闪烁着炫丽灯光的高楼大厦以及五颜六色的霓虹灯、密集的路灯与车灯都将都市的夜晚打造成了一场灯光的盛宴。特别是到了辞旧迎新的圣诞节和元旦，街上的灯光让我们觉得自己仿佛置身于魔术的世界一般。可是，在我们徜徉在灯光打造的幻想世界中时，被密密麻麻的小灯泡和电线缠绕在身上的树的心情如何呢?

冬天，当温度降到 –5℃之后，树木就不再进行光合作用和蒸腾作用等生理活动，开始进入休眠状态。就像熊要冬眠一样,树木每年的 11 月至次年 2 月会迎来一段休息的日子。然而，根据韩国国立森林科学院的调查，挂在路边树木上的灯泡的光照度平均是 300lx（注释：照度的国际单位，又称米烛光），发热温度是 28℃。这对于休眠期的树木来说太亮太热了。

这些光会扰乱植物体内部的生理节奏，使树木误以为晚上是白天而进行本应在白天进行的光合作用。这样一来，本该在晚上进行的生理反应便无法正常发生，生物体的代谢平衡被打破，长此以往会使过冬的树木缺乏应对春天所必要的适应能力。

半夜哭泣的蝉

当我正要睡觉的时候，窗外的蝉忽然很大声地叫起来。比恐怖电影更恐怖的就是半夜的噪音。深夜还在路边的树上叫个不停的蝉，让我们在大夏天也不能开窗户。汽车路过时的噪音固然很吵，但和蝉的叫声比起来还是小巫见大巫，它们就好像在比赛一样，看谁的叫声更大。

自然界中只有雄蝉才能发出叫声，它会用腹部的发音器连续不断地发出响声。雄蝉的叫声有三个含义：告诉同伴自己的位置、不要侵犯我的地盘和吸引雌蝉。发出响亮的叫声对于蝉来说是延续种族、繁衍后代所必需的一种信号。

正常来说，蝉只在白天鸣叫，但在被路灯、车灯、电灯以及各种广告牌和霓虹灯打造的不夜城之中，蝉会以为夜晚仍然是白天而叫个不停。

在清静的地方生活的萤火虫的生活也被人工灯光扰乱了。雌萤火虫尾巴上隐隐的亮光是用来吸引雄萤火虫的，看到这种光之后的雄萤火虫会飞到雌萤火虫身边求爱。萤火虫变成成虫后 2 天～3 天开始求爱，腹部的发光细胞会和氧气发生作用，发出黄色或黄绿色的光。

可这种择偶活动却因为人工灯光的照耀而变得困难重重。本来空气变得污浊，水质被污染之后，萤火虫的栖息地已经大幅减少，现在因为过亮的灯光，雌雄萤火虫连对方的位置也难以辨认了。由于人工灯光影响配对，在夏夜的草丛中，想看到尾巴上带着神奇灯光的萤火虫变得越来越难了。

被人工灯光影响的不只是昆虫。仁川市云北洞的农民发现农作物的收成大不如前，原因在于，新建的高速公路都设置了路灯，而路旁的灯光会影响稻子的生长。妨碍稻子抽穗的光照度是 5lx，路灯的光照度却达到了 30lx～50lx。250 瓦的钠灯可

以照射到 45 米的距离，光照度超过 10lx，因而照射范围内的农作物都会受到很大影响。而在夜空中最亮的圆月的光照度也不过 0.3lx。

稻子会在白天光合作用最活跃时最大限度地储存营养，并在白天变短的时候开始抽穗。可是如果晚上也不断有光照的话，稻穗就无法完全成熟。除了稻子以外，很多植物也会因光照而影响生长。野芝麻如果长时间受到光照就会不断长高而不开花结果；芹菜只要照射到光照度是圆月两倍的 0.7lx 的光，生长就会受影响；黄豆、红豆、南瓜、玉米等夏季作物，每天的光照时间在 12 小时以下才能按时开花结果。

所有的生命都要按照大自然的法则生长，但当黑夜如白昼，生态系统的秩序被破坏后，植物的基因就会发生变异，最终这些都会报应到以植物为食的人类身上。

诱发癌症的灯光

人工灯光也会损害人类的健康。在韩国，生活在城市里的人看眼科的机率要比生活在农村的人高出许多。世界性的科学杂志《自然》上刊登的一篇论文表示：晚上常常开灯睡的孩子中 34% 会患近视。这是因为在灯光下入睡需要的时间，即睡眠潜伏期会变长，脑电波也会不稳定。

人体内有一种名叫褪黑素的激素。褪黑素有很强的抗氧化作用和抗衰老作用，能够强化人体免疫力。如果体内褪黑素不足，免疫功能就会下降，人们患癌症的机率就会增加。2004 年在英国伦敦召开的“国际儿童白血病学会会议”上，与会的学者们提出：夜间照明会妨碍调节细胞繁殖和死亡的激素 —— 褪黑素的活动，从而引发遗传变异，诱发癌症。

夜越黑，离黎明就越近。但城市的夜晚如白昼一样，各种照明灯和霓虹灯的灯光互相反射，把夜空罩上了一层红晕，再也看不到一点星光。这一层红晕其实是漂浮在都市上空的微小的灰尘层，灰尘反射了夜晚的灯光，让夜空看起来发红，这种现象被称为“光污染”，也就是说，过度的光照也会成为污染。

在西班牙，天文学家、天体观测爱好者和环保活动家们正在开展“找回夜空和星光的运动”。美国从 1992 年开始在亚利桑那、科罗拉多和德克萨斯等 6 个州和多个城市颁布实施了“光污染防治法案”；智利和澳大利亚也出台了相应的法律。

遥远的宇宙发出的光被都市的灯光遮盖了，天文学家们只能动用昂贵的尖端观测设备，或把天文观测台搬到夏威夷群岛、智利安第斯山脉和加纳利亚群岛等地方。韩国的天文学家也只能在光污染少的山村僻地和较高的山麓工作。

生物体要健康地活下去，就需要和白天一样漫长的夜晚。在黑夜中充分休息才能重新焕发生机。有了黑夜，葫芦才能开出白色的葫芦花；月见草才能抽出黄色的花瓣；昆虫才能在清晨抖去身上的露水，飞上天空；人才能熟睡。

据说，在没有路灯、霓虹灯、车灯和电灯等人工灯光的地方，人眼能看到 2,500 多颗星星。在看不到星星的夜晚，请你关掉电灯，在黑暗中静静等待，因为在宇宙的那一侧，几十光年之前闪烁的星光在悄悄为你亮着一盏灯。

减少光污染的10种方法

- 在家里、学校，只开必须开的灯。
- 间接照明也会干扰深度睡眠，因此最好关掉所有的发光体。
- 在门口、客厅、院子等这些习惯性地开灯的地方，不用时把灯关掉。
- 店铺下班了，就把霓虹灯和广告牌都关掉。
- 需要的时候再开路灯。
- 下班的时候，检查一下办公室里有没有忘记关的灯。
- 给鱼缸和宠物的窝里开灯，也会影响它们的睡眠，所以晚上要把灯关掉。
- 纪念日或庆典的时候，在树上挂很多灯泡，树木也会觉得很累。
- 感叹都市的夜景美丽之前，先想想在灯光下凋谢的生命。
- 旅行的时候，注意看自己开的灯有没有影响到其他生命。

思考题

1. 所有生物都需要充分的休息时间，记录一下你因为灯光太亮而难以入睡的经历。

2. 找一找在日常生活中减少光污染的方法。

3. 据说，爱迪生是因为觉得睡觉的时间太可惜，而希望晚上像白天一样亮，于是发明了电灯。随着电灯的普及，人类的生活有了很大变化，人们睡觉的时间少了，工作的时间长了。从这个角度看，你认为爱迪生是一个什么样的科学家，请记录你的想法。

给冰箱放个假

勤劳的冰箱

去年冬天，是几年来最寒冷的一个冬天，于是我决定给冰箱放个假。我住的房子是老房子，一到冬天，门缝和地板都会透出丝丝寒气。特别是厨房，恨不得跺着脚才能做饭。一握门把手，手就被黏住了，杯子里的水也冻住了。玻璃窗上的霜花更是一幅美丽的图画。

房间还凑合，可厨房除了能避避风以外，简直和外面的气温相差无几。把手伸进冰箱，竟然发现里面其实更暖和，于是我干脆把冰箱里的泡菜和其他食物都拿出来，拔掉了冰箱的电源。这样，整个厨房俨然就成了一个大型的“冰箱”，虽然有些冻脚，但有了这么大的“冰箱”还是很高兴。托天气的福，冰箱难得休了一个长假。

仔细想想，没有比冰箱更累的电器了。其他电器都可以“休息一下”，但冰箱要一年到头工作。有些人因为想把冰箱当成橱柜用，所以也不考虑厨房的面积，就买了很大的冰箱。到新婚的朋友家里，经常看到小小的厨房里却放着一个硕大的双门冰箱，他们说今后家里人越来越多，所以就一步到位买个大的。

1834年，英国的雅各布·帕金斯发明了制冷的压缩机。他根据压缩的乙醚蒸发后凝固的原理，使压缩机达到了制冷效果，现代意义上的冰箱由此诞生。冰箱是夏天防止食物变坏的电器，本来是像电风扇、电暖气一样，只在某个季节使用的，可如今大冬天里室内还是热得能穿短袖,冰箱也就没有了假期。一年四季，冰箱里装满了食物，不停地工作着。而我们却希望几十年如一日从不休息的冰箱没有任何毛病，这是不是有点太贪心了？

冰箱消费的主谋

冰箱的容量越来越大，功能越来越多，我们对冰箱也越发依赖了。有时常常把一周的食物一下子都塞到冰箱里，还会将只要冻起来几个月都没问题的冷冻食品也一次性买足了放起来。虽然食物保存的时间长了，但是食物的新鲜程度会变差。即使是这样，现代人也会因为太过忙碌没有时间买菜而尽量多买些储存在家里的冰箱中。

除了将做好的没有吃完的菜放入冰箱以外，人们还会将饮用水、饮料、蔬菜、水果、面膜、化妆品、湿毛巾、药品等日常用品统统塞到冰箱里……看来凉爽的冰箱真的是万能啊。但一看到里面，你就会另有发现。

当买回新鲜蔬菜时，一家人会很开心地围坐在一起吃饭，而没过几天放在冰箱里的多余的蔬菜就会变蔫，这时你会觉得可惜，就赶快做着吃，可是吃破了肚皮，却还是剩下一半儿。接着又把菜放进冰箱，几天后，剩菜已经不能吃了，只能扔进垃圾桶。这样算下来，买来的菜，真正吃到的可能还不到一半。

在没有冰箱的年代，人们也有长久保存食物的智慧。中国人从公元前1000年开始就在地下室里用冰块保存食物；韩国三国时代的新罗有石冰库，朝鲜时代有东冰库和西冰库，夏天也可以长时间保存食物。庶民不能利用这些，但可以把食物晒干或冻起来，甚至腌起来做成泡菜这样的发酵食品，装在缸里埋在地下,一点一点拿出来吃。这样花费很多心血准备的食物，没有人会随意对待，更没有人会浪费。

冷食和热食

有些食物冷着好吃，有些食物要大汗淋漓地吃才好吃。可自从把冰箱当作橱柜一样使用之后，很多人就开始闹肚子。因为很多食物我们都是从冰箱里拿出来就吃，这就导致体内环境越来越冷。

比如饮用水，常温状态下由气候变化自然调节出的温度才是最适合人体的温度。但是现在许多人都把饮用水放在冰箱里，或把饮水机开到制冷状态，利用电力人为降低了水的温度，甚至有人喜欢喝漂着冰碴儿的水。

其实，在炎热的日子或者口渴的时候，喝热水更解渴，只有肠胃的温度和水温差不多时，才能保证人身体健康，可如果肠胃是热的，却喝冰水，你可以想象一下，五脏六腑都会吓一跳吧？刚开始喝的时候，可能觉得喉咙和肠胃很爽，但过一会儿就会觉得不舒服,甚至拉肚子。肠道里的热气还会返到胃里，造成头晕胸闷，精神不振，而且还达不到解渴的效果。

食物也要吃热的，这样胃和肠道才能各司其职。早上起床后，喝一杯热茶，会觉得肠胃很舒服。肠胃舒服了，头脑也会清醒，心情也会舒畅。而当肠胃发冷时，人就会觉得浑身没力气，弯着腰、弓着背、连走路都会有气无力的。长此以往，人们的身体就会越来越虚弱，很多慢性病也就找上门来了。

随着人类文明的发展，各种各样的发明层出不穷，人类的生活变得越来越方便了,人类的历史也发生着翻天覆地的变化。但自从出现了电力能源之后，人们常常因为缺乏睡眠而感到疲劳；有了汽车之后人们因为很少走路而体力下降；有了冰箱之后很多人却被不明原因的肠胃问题困扰。

历史真的在向有利于人类的方向发展吗？还是在向让人类越来越虚弱的方向发展？

不要过于相信冰箱，只让它做必要的事情吧，偶尔也给冰箱放个假。换季的时候彻底清理一下，因为就算是温度低的地方也有细菌。去休假或出差的时候或是在天寒地冻的冬天，把冰箱腾空，让它休息一段时间。冰箱可以游玩、休息、睡觉……度假之后的冰箱一定会重新展开笑颜。给冰箱的假期也会成为我们重新审视生活习惯的宝贵时光。

小贴士 冰箱，请这样用！

- 不必要的时候不要开冰箱。
- 伴随季节变化，调整冰箱的温度，冷藏室 1℃～5℃，放蔬菜的地方 3℃～7℃。
- 冷藏室内只装 60% 的东西，保证空气循环顺畅。
- 不需要保存在冰箱里的酱类和干菜，密封好放在阴凉的地方。
- 放在冰箱里的食物也会损坏。因此要确认保质期，尽量在食物保质期内吃完，保证吃多少买多少。
- 把食物晾凉之后放进冰箱，冷藏的效果更好。
- 比起铝箔和保鲜膜，把食物放在有盖子的容器里最好。
- 用炭、茶叶、咖啡渣等天然材料作为干燥剂。
- 把冰箱放在直射光线照不到且通风良好的地方，和墙面保持 10 厘米左右的距离。
- 买冰箱的时候不仅要考虑冷藏效果，还要看是否节能。购买一级节能产品可以省电 30%。
- 如果家里人比较多，把冰箱里的食物做成目录，贴在冰箱门上。这样一看目录就知道里面有什么，决定要拿什么再打开冰箱。因为减少开冰箱门的次数，既省电又能保证冷藏效果。

思考题

1. 看看家里的冰箱。记录冰箱里食物的种类，哪些是新鲜的，哪些已经放了很长时间了，哪些已经坏了该扔了。

2. 哪些食物可以不放进冰箱在常温下保存呢?

3. 如果冰箱从这个世界上消失了会怎么样?食物应该放在哪里保存?一次应该买多少?想一想。

为什么我还没有洗衣机

没有东西就没有担心

从早上开始就有种憋闷的感觉。但是，炎热的桑拿天才是夏天，鼻尖冻得通红的季节才是冬天，因此，我们不要总是想着躲避，要享受其中的乐趣。这样想想，夏天的骄阳也变得可爱了。

把散落在家里的脏衣服收到一起，洗了一大盆。然后找了一个阳光很好的地方，架上了晾衣竿。看着水珠从湿漉漉的衣服上一滴滴滚落，精神顿时为之一振。这时候，路过的一位阿姨说："应该用洗衣机甩干啊，衣服还在滴水呢。"

现在恐怕没有人家里没有洗衣机了。可是，在阳光灿烂的夏天，完全可以手洗几件衣服，没必要浪费能源啊。只要在太阳下晾一会儿，阳光就会把衣服晒干，还能彻底杀菌。本来夏天的耗电量就屡创纪录,我就没必要再继续添砖加瓦了。不过，现在家家户户都有洗衣机，衣服滴水的景观也很少见了。

我家还没有洗衣机，没有买过，也没想过要买。周围的朋友换洗衣机的时候，常常问我要不要把旧的拿来用。虽然不用花钱，但我家的洗手间太小了，没有地方放洗衣机。而且如果我觉得洗衣服太麻烦的话，就会多穿几天再洗，所以洗衣机对于我并不是必备的电器。如果你认为这是拒绝新事物、落后于时代的人的固执，我也并不介意。

当然，或许是因为一个人生活，没有洗衣机也无所谓。如果家里人多，或有一个一天要换好几次尿布的孩子，洗衣机应该是必备品。

我洗衣服之前，都会列个计划，把洗衣服、刷鞋、刷包、打扫洗手间一次性搞定，这是为了省水省时间，先把要洗的衣服泡 20 分钟，洗第一遍，然后打上肥皂，在搓衣板上搓过之后，用盆接干净的水，多漂洗几次，直到干净为止。为了节省水，每次漂洗后，我只会把衣服拧干，用过的水洒在洗手间各处，清洗干净。这样一来，把脏衣服洗完的同时，洗手间也打扫完了，心情别提多舒畅了。

其实，没有洗衣机并不是问题，身体的劳累也不重要，忍受别人的目光其实是最难了。很多人问我,赚钱的目的是什么？那种语气就像是认为我们仅仅是为了买家用电器而上班一样。我觉得和买衣服一样，买电器也应该是出于需要，自己觉得有用时才买。那些认为洗衣机是家庭必备品的人问我的时候，我就会很郁闷，无言以对。有人买了新产品，因为先拥有了别人

没有的东西，所以可以向别人炫耀。相反，如果那个东西所有人都有了，没有的人就会被看作是怪人。手机、汽车也一样。有洗衣机当然方便，但要用污染环境的洗涤剂，而且还要为了付更多电费而更努力赚钱，甚至偶尔还要因为生活费不够而加班。万一洗衣机出了问题，还要请技术人员上门或者拿到修理店等几天，这样岂不是得不偿失？

我们常常是在某件物品忽然消失的时候，才会感觉到它存在的必要。如果一开始就没有的话，日子还是可以照常过下去的。可是如果用着的电器忽然没了，我们就会觉得非常不便。就像每天做的事情忽然被禁止了一样，人们会觉得沮丧、不知所措。不仅是这样，一旦有了新产品，人们也就会很想拥有。

“怎么样才能快点买到手呢？”

当眼红了几天，终于支付巨款买了最新型洗衣机的那一瞬间，玫瑰色的幻想消失了，口袋空空，回到了现实世界。所以，我至今没有买洗衣机的打算。

因为我一直坚信“拥有的东西越少，担心就越少”。

洗衣机里水的行踪

人们对家用电器的幻想和期待，完全是电视广告的功劳。美丽的模特按下洗衣机的按钮，然后走到窗边的沙发上坐下，悠闲地喝着咖啡微笑，就像世界上没有比这更幸福的事情似的。看了这种广告，会让观众产生拥有了这款洗衣机，主妇将从此过上优雅、闲适的生活的感觉。

但真正拥有了这款洗衣机，感觉完全不同。把脏衣服丢进去，放了洗涤剂，按下按钮，盖上盖子，洗衣机里面发生什么，里面流出来的水去哪儿了,我们都看不到,因为我们正在喝咖啡。

洗衣机工作的时候流出的脏水里含有合成洗涤剂，发明合成洗涤剂的是德国人。德国在世界大战中战败后，由于得不到生产肥皂的原材料油脂,于是用石油浓缩物制成了合成洗涤剂。后来美国人将其开发成商品，合成洗涤剂从此走向世界。

然而，如果水里含有合成洗涤剂，微生物就无法生存，而且水中的泡沫还会妨碍稀释到水中的氧气，阻挡阳光，妨碍浮游生物的活动，最终导致水污染。人们为了提高洗涤能力所添加的合成洗涤剂中的磷会成为磷酸盐，造成水的富营养化，污染水质。富营养化是指当含有磷、氮的污水流入江河湖泊的时候，靠吸取这些养分为生的浮游生物过度繁殖，造成水污染的现象。

含有合成洗涤剂的水通过下水道流下去，会对微生物造成巨大影响。我们肉眼看不到的很多微生物能够净化水资源，维持水中的生态平衡。如果微生物一旦消失，被污染的水就会流到河中，河流中的鱼、昆虫、水草、微生物也将很难生存。这些水接着流到海里，还会对海水造成污染。

用肥皂和棒槌洗衣服的年代，情况则完全不同。我们会看到洗衣服的肥皂水会回到孩子们洗澡的小溪里，流到白鹿和秧鸡玩耍的农田，流到田螺和龙虱栖息的水洼中。每个人都知道要用好肥皂，因为不好的肥皂会伤害到孩子，还会使植物调零，使昆虫和鸟儿死掉。

海洋健康，地球才健康

海洋占地球表面面积的71%，地球上有97.1%的水是海水。大海支配着地球的自然环境，调节着气候，孕育着多种多样的生命，同时还为人类提供并运送鱼、海藻、贝类等自然食物。

大海的另一副面孔却是所有污染物质的集合地。污染土地、水以及天空的所有物质都会积聚到海里，其中最严重的是生活污水。而大海却如同妈妈的怀抱一般，包容了人类抛弃的一切污染物并且重新进行净化。

但如果地球上很多国家的很多家庭源源不断地排出污水，大海会变成什么样？大海真容纳得下人类不断倾泻下来的污染物吗？或许，大海正在慢慢地远离健康，只是人类不知道罢了。

在洗好脏衣服的那天，我的手腕酸得不得了，真想马上买台洗衣机。原以为像我这样最怕手腕酸的人肯定会在领到第一个月薪水之后就立马买一台回来，可不知不觉却一直拖到了现在。

穿着洗好的干净衣服，梳好了头发，一边照镜子一边不自觉地哼着小曲儿，真希望每天都能保持这样的好心情。我之所以坚持过这种简单朴素的生活是因为：我不希望因为我的某个小小的坏习惯而导致他人受到伤害；同时我也希望生活在我周围的人都能够善待自己拥有的一切，善待我们周围的环境。因此，无论是我们手洗衣服的时候还是按下洗衣机按钮时候，都想想孕育着生命的大海吧。

守护地球健康的方法

- 脏衣服攒到一起洗，但如果攒的脏衣服太多会洗得不干净，所以70% 最合适。
- 洗涤时间太长会损害衣服的质地，所以要看好时间。
- 肥皂和洗涤剂按照标准使用量使用，多用不代表洗得干净。
- 不用合成洗涤剂，巧用醋、橘皮、柠檬、苏打洗衣服。
- 衣物柔顺剂和漂白剂是化学物质，对我们的身体有害，最好不用。
- 把洗衣机漂洗的水攒到一起，用来打扫洗手间和走廊。
- 干洗的衣服挂在通风良好的地方，让有害的洗涤剂蒸发。
- 过于频繁地洗衣服、打扫房间并不是好事，适度即可，要让我们的身体适应环境，让微生物适当存在。
- 有顽固污渍的衣服先用手搓之后再放进洗衣机。
- 滚筒洗衣机使用热气烘干衣服，虽然方便，但是很费电。与其用洗衣机甩干，不如把衣服晾在通风、阳光又好的户外。阳光能够杀菌，衣服还有风的味道，比衣物柔顺剂的效果好多了。

思考题

1. 调查一下现在家里使用的洗涤剂的种类和成分。

厨房：

洗手间：

洗衣服的时候：

打扫房间的时候：

2. 你用洗涤剂的时候，是按照标准使用量使用吗？确认一下洗涤剂包装上的标准使用量，和自己平时的使用量比较一下。

3. 根据某调查，为主妇减少家务劳动量最多的电器是洗衣机。用电器减少家务劳动量和减少能耗多做家务，哪种选择更好呢？请把你的意见和理由记下来。

亲手制作的快乐

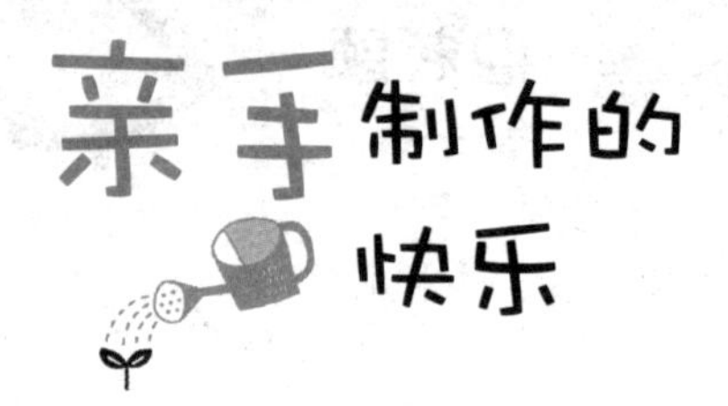

衣服的历史

一开始对缝纫机感兴趣是因为我“特殊的身材”。其实说起来，我的身材再平凡不过了，可是每次选衣服，都深切感受到自己很特殊。在衣橱中找衣服时，总是在纠结穿什么好？通常是花了整整一个小时，拿了好多衣服搭配却仍没有满意的。

“怎么没有穿得出去的衣服？”

于是看着无辜的衣橱，下了很大决心买了一套衣服，因为看着模特儿穿着的时候非常喜欢。可是回家穿在自己身上又觉得不合适。到现在为止，我买衣服时大都是这种情况。买的时候激动不已，一到家里就是一件再普通不过的衣服。选衣服的时候也比别人花的时间多，肥瘦合适，袖子就长；腰围合适，裤腿就短，每次遇到这种情况，我都抱怨：“难道我的身体比例就这么失调吗？”

为什么衣服都是以那些身材高挑的人为标准生产的？世界

这么大，各种身材的人都有啊！但这些抱怨没人听，我的身材不标准……那么，换个办法！体现跟别人不同的身材，脱离标准身材的范围，用积极的心态接纳自己的与众不同。世界上所有的事情都在于心态。

于是，我自然而然地对裁剪感兴趣了，其实从小我就会做衣服。乡村人家的生活并不富裕，我穿的都是姐姐穿过的衣服，可是姐姐个子高挑，而我胖乎乎的，所以姐姐的衣服给我穿的时候，衣袖和裤腿都要折进去。邻居送的衣服，城里的亲戚给的衣服也是如此。

不论是谁给的衣服，到我手里的衣服都只有一个可能，就是需要修改。过了几年，我的个子也长高了，那些衣服穿着正合适的时候，已经穿旧了。于是，没穿过一身合适的衣服成了我的宿命。

几年前，我买了一台小缝纫机。我想，今后我也还是“非正常身材”，衣服都要改一改才能穿，索性买个缝纫机更合适。因为用手缝衣服总是觉得不好看，每次改衣服都去裁缝店又很麻烦。有了缝纫机之后，裤腿很快就可以改好，扣眼和拉链问题也很容易解决，我别提多开心了，生活就好像给我打开了另一扇窗。

改衣服之后，常常剩下布头。到了周末打扫房间的时候，我却搜罗出一些不穿的衣服和布头。缝纫机用得熟练之后，我不再满足于改衣服，有了想做点什么的愿望。

“做什么好呢？”

激发想象力的缝纫机

仔细看了看家里，发现了一个目标。第一个挑战选了最容易的购物袋。样子简单用途很广的购物袋我想我也能够亲自做一个。其实在很久以前，我就想自己拿购物袋而不用超市的塑料袋，可总是忘记，最后还是用了超市的塑料袋。可如果能在收银员熟练地拿出塑料袋打开之前，拿出自己做的购物袋，是不是帅呆了？

第一个挑战——购物袋，确实不难。把布对折，封口，再加上提手就完成了。为了让购物袋漂亮一些，我加了扣子做装饰，于是我的作品马上变得和普通购物袋不一样了。只不过，在挑选合适的布料和花纹时费了不少时间。仔细想想，虽然简单，也是一种创作呢！

缝纫机带给我很多乐趣，因为无论做什么都可以按照我的想法来。把五颜六色的布料铺在床上，构思自己的作品，时间一转眼就过去了。把不同花纹的布料搭配好颜色，搭配好布料的质感，再想想可以用什么装饰……不知不觉，我的想象力越来越丰富，用缝纫机做各种东西成了我的一大爱好。不过，和做东西一样重要的是，要善于使用自己做出来的东西。

我多做了几个购物袋，放在外出时的背包里、衣服口袋里、出门时必须经过的鞋柜上，旅行箱里也放了一个。很多人在旅行时为了减少行李而用一次性用品，其实有了购物袋就能减少

行李。在我把购物袋放在各处之后，我几乎就不用超市的塑料袋了，而且还发现了购物袋的另一个用处。

外出的时候，买了计划之外的东西，或需要把东西带回家里的时候，或包里放不下拿在手里又不方便时，从包里拿出自制的购物袋简直太方便了。因此购物袋成了我的常备物品，出门时一定会带上。

我把自己做的购物袋送给了几个朋友，朋友们都非常喜欢，听了朋友们的反映，我觉得购物袋不仅要实用，也要美观。虽然不用花钱，但也要自己喜欢才行。

现在时代不同了，任何东西都是过剩的，你有很多选择。商场和超市分发的促销购物袋很多，但不管是自己做的，还是白拿的，要漂亮、自己喜欢才会放在身边经常用。购物袋也一样，虽然是穿着短裤和拖鞋去买菜，但比较一下，新颖别致的袋子会吸引更多人的目光。

保护环境的方法不能靠大家当作义务来执行，不然就会像戒烟、减肥一样半途而废。我们需要的方法不是勒紧裤腰带，忍受不便，不是需要当作义务来执行，而是一看就觉得很好很漂亮而自发地去做。只有这样,简单又轻松的环保才容易实行，才能取得更好的效果，不是吗?

从让你怦然心动的事情开始

以前的女性都会做衣服、改衣服。即将出嫁的姑娘一针一线绣出漂亮的桌布，连小孩子的衣服和生活必需品也都是自己做。小伙子们大汗淋漓地盖房子、种地，就连农具也都是自己做。这些劳动都是生活技能，村子里每个人都有自己独特的技能。家里吃的蔬菜是在院子或附近的田里种的，和现在的都市生活大相径庭。

如今我们几乎不会自己动手做点什么，因为我们可以很方便地购买、使用，然后扔掉。要修理的东西，就给修理店，或者干脆买个新的。我们也总是会选好看的买，用一段时间之后就扔掉。然后为买一个新的努力工作。然而，这样的人生真的有意义吗？

手工能让你充分体会自己动手制作的乐趣，为了做一个小东西，一点一点地做，把自己的想法和个性都放入其中，最后拿出独一无二的作品。比如有些人会在花盆、天台、阳台自己种菜吃。虽然从市场可以很便宜地买到，但播种、施肥、除虫，精心耕耘的乐在其中的趣味却是花多少钱都买不到的。

几年前开始出现了一个新词“DIY”一族，意思是“我自己亲手做”。这些人为了让自己生活的环境更舒适，不去购买大品牌，或统一生产的商品，而是自己准备材料，自己做、自己改造。人们会自己动手制作那些有利于健康和环保的天然肥皂和化妆品、小桌子和小凳子、装饰品、孩子的衣服和帽子等，连包包都可以自己亲手做。

自己动手不仅能做出与众不同的东西，还能体会准备材料和制作过程中的种种乐趣，会有更大的收获。准备材料、构思、一边做一边想，还能充分发挥想象力。中间也可能会错，但错了几次就会有更闪光的创意，长久的等待和辛勤的汗水获得的成果会让我们对自己制作的东西倍加珍惜，绝不会随意丢弃。精心培育的蔬菜不会随意浪费，食物垃圾也会减少很多。

我们的环境问题有很多是生产者和消费者互相不了解造成的。容易买就容易扔，需要修理就给修理店，因为不知道生产的过程，并且很容易就可以买到新的，所以越用越浪费。食物也一样，从前生产者和消费者在同一个村子里生活，互相都很了解，但现在生产者和消费者的距离远了，问题就出现了。生产者用许多农药和肥料生产、销售，消费者则喜欢看着好看，更便宜的。于是，我们吃的食物越来越不安全。

我们可以自己做的事情有多少？我自己可以动手做的东西有哪些？保护环境的实践可以从简单而快乐的事情开始，从自己喜欢的事情开始做，集合家人、朋友、邻居的经验和智慧，就能找到更好的方法。现在你正在实践的是什么？就从最小的、最容易的、最让你怦然心动的事情开始吧！

- 破了的衣服自己缝，也可以缝个扣子或装饰品。就算有点难看，但是自己动手的东西，会很有感情。
- 用不穿的衣服和布头做购物袋或枕套这些小东西。
- 结实的纸箱子、五颜六色的包装纸、绳子等材料先不要扔，看看能不能做点什么。
- 利用天然材料，制作肥皂、洗发水、化妆品。再记录下使用的时间以及对水资源的影响。
- 在花盆里种生菜、番茄、茄子等蔬菜。你会知道为了新鲜的蔬菜需要付出多少汗水。
- 亲手做蔬菜沙拉、凉菜等简单的菜肴，洗菜、择菜的过程中，你会体会到食物的珍贵。
- 拧螺丝、钉钉子这样简单的修理工作自己动手，学会了用简单的工具，就不会一有事儿就打维修电话。
- 给院子里、小区里、公园里长得不好的植物施肥浇水，公共环境要靠大家一起维护。
- 打扫公共走廊和大厅，白天开着路灯或公共设施需要修理的时候，通知管理机构。关心自己生活的社区，生活才会更美好。

思考题

1. 假设你会用缝纫机，而现在可以自己动手做东西，此时你最想做什么？为什么？

2. 除了缝纫机和针线活，自己可以动手的还有什么？做好了想送给谁？为什么？

3. 找一找身边热衷于环保的人，那个人叫什么，做了什么事？

4. 写出3个从今天开始可以实践的守护地球的方法。如果坚持实践1周可以获得奖励，你最想要什么奖励？为什么？